高职高专机电类专业系列教材

STC15 系列可仿真单片机项目化应用教程（C 语言）

主　编　顾菊芬　李　俊

参　编　李　艳　白丽君　许卫洪

主　审　刘大会

机械工业出版社

本书选用宏晶科技有限公司生产的可仿真单片机 IAP15W4K58S4，编程开发环境为 Keil 4。本书采用项目化组织方式，以自制 IAP15W4K58S4 单片机开发板为平台，按照系统性、实用性原则编排十个项目：控制灯光闪烁、数码管显示数字、键盘控制输入、中断系统应用、制作电子钟与秒表、制作简易电压表、实现串口通信、液晶显示应用、串行总线接口应用、PWM 模块控制电动机调速。每个项目均围绕接近工程实际的应用，以两三个任务作为载体，巧妙地将知识点和技能训练融于项目之中，让学生通过完整的硬件设计、软件流程设计、编程调试等工作过程掌握 STC15 系列单片机的片内资源及典型应用，掌握所需的理论知识和实践技能。

本书是中高职衔接课程体系的单片机课程教材，主要以高职高专的学生作为讲授对象，可作为各高职高专院校的单片机教材，也可作为单片机自学教程或培训教程，对从事单片机应用开发的工程技术人员也有一定参考价值。

为方便教学，本书有电子课件、习题答案、模拟试卷及答案等，凡选用本书作为授课教材的老师，均可通过电话（010-88379564）或 QQ（3045474130）咨询。

图书在版编目（CIP）数据

STC15 系列可仿真单片机项目化应用教程：C 语言/顾菊芬，李俊主编. —北京：机械工业出版社，2016.1（2023.6 重印）

高职高专机电类专业系列教材

ISBN 978-7-111-52901-9

Ⅰ.①S… Ⅱ.①顾…②李… Ⅲ.①单片微型计算机-C 语言-程序设计-高等职业教育-教材 Ⅳ.①P368.1②TP312

中国版本图书馆 CIP 数据核字（2016）第 022426 号

机械工业出版社（北京市百万庄大街 22 号　邮政编码 100037）

策划编辑：曲世海　　　　　责任编辑：曲世海　韩　静
封面设计：陈　沛　　　　　责任印制：郜　敏

北京富资园科技发展有限公司印刷

2023 年 6 月第 1 版第 4 次印刷

184mm×260mm · 12.75 印张 · 314 千字

标准书号：ISBN 978-7-111-52901-9

定价：39.80 元

电话服务　　　　　　　　　网络服务

客服电话：010-88361066　　机 工 官 网：www.cmpbook.com
　　　　　010-88379833　　机 工 官 博：weibo.com/cmp1952
　　　　　010-68326294　　金 书 网：www.golden-book.com

封底无防伪标均为盗版　　机工教育服务网：www.cmpedu.com

前　言

宏晶科技有限公司的单片机产品丰富，性能优势明显，目前最先进的是 STC15 系列单片机。其中 IAP15XX 型号单片机是 STC15 系列的代表芯片之一，它具有 IAP 在线应用仿真功能，既可以作为目标芯片，也可用作仿真芯片。利用 STC-ISP 编程软件的设置工具将一段在线仿真监控程序下载到 IAP 单片机中，IAP 单片机就成了一块仿真芯片，不需要增加任何外围电路，就相当于传统的单片机硬件仿真器，能直接在线进行仿真调试程序，可以大幅提高单片机应用系统的开发效率。

本书以宏晶科技有限公司生产的可仿真单片机 IAP15W4K58S4 为蓝本，以项目为主线，以任务为载体，巧妙地将知识点和技能训练融于项目之中，让学生通过完整的硬件设计、软件流程设计、编程调试等工作过程掌握 STC15 系列单片机的片内资源及典型应用，掌握所需的理论知识和实践技能，保持单片机技术的教学和单片机技术的发展同步，保障单片机教学和单片机应用的无缝衔接。为方便教学，本书建设有配套的在线开放课程，网址：https://www.xueyinonline.com/detail/232795943。

参与本书编写的有顾菊芬、李俊、李艳、白丽君、许卫洪，顾菊芬负责最终的定稿。项目一、项目九由顾菊芬编写，项目八、项目十由李俊编写，项目六、项目七由李艳编写，项目四、项目五由白丽君编写，项目二、项目三由许卫洪编写。在本书编写过程中，宏晶科技有限公司的工程师给予了大力支持和帮助，在此一并表示感谢！

由于编者的经验和水平有限，书中难免有所纰漏，恳请广大读者批评指正。

编　者

目　　录

项目一　控制灯光闪烁

1.1　项目说明

项目一控制灯光闪烁包含三个子任务，任务一：点亮一个发光二极管；任务二：流水灯控制；任务三：交通信号灯控制。这些任务都是应用 IAP15W4K58S4 单片机最小系统板实现灯光的控制。

该项目的学习目标和技能要求如下：

学习目标：

➢ 掌握单片机的概念及特点，了解冯·诺依曼结构和哈佛结构的差异。

➢ 了解 IAP15W4K58S4 单片机的结构，掌握内部数据存储器的空间分配和 SFR。

➢ 掌握 IAP15W4K58S4 单片机的外部引脚功能及单片机最小应用系统。

➢ 掌握单片机集成开发环境 Keil4、STC-ISP 下载软件的使用方法，实现仿真和调试功能。

➢ 熟练掌握 IAP15W4K58S4 单片机输入/输出口的应用。

➢ 熟练掌握 C51 位操作指令、循环语句实现的延时。

➢ 能编写简单完整的程序。

➢ 掌握标志位。

技能要求：

➢ 利用 IAP15W4K58S4 单片机制作一个简单的实用电路。

➢ 会使用 Keil4 集成开发环境观察与修改存储器。

➢ 会使用 Keil4 软件、STC-ISP 软件实现 IAP15W4K58S4 单片机的在线仿真和调试。

➢ 能够对工作任务进行分析，找出相应的算法，绘制流程图。

➢ 能够根据流程图编写程序。

1.2　知识准备

1.2.1　单片机概述

单片微型计算机简称为单片机，它是微型计算机发展中的一个重要分支，它以其独特的结构和性能，被越来越广泛地应用到工业、农业、国防、网络、通信以及人们的日常工作、生活领域中。

一、什么是单片机

单片机（Single Chip Computer）又称单片微控制器（Microcontroller），它不是完成某一个逻辑功能的芯片，而是把一个计算机系统集成到一个芯片上。概括地讲，一块芯片就构成了一台微型计算机。单片机主要由中央处理器 CPU、存储器（数据存储器 RAM、程序存储器 ROM）、输入/输出接口、定时器/计数器等部分组成。它具有体积小、重量轻、价格便宜的诸多优点，为学习、应用和开发提供了便利条件。将单片机装入各种智能化产品中，便成为嵌入式微控制器（Embedded Microcontroller）。

二、单片机的体系结构

单片机的体系结构有两种，一是传统的冯·诺依曼（John Von Neumann）结构；另一种是哈佛（Harvard）结构。

1. 冯·诺依曼结构

计算机的组成结构多数是冯·诺依曼型的，即它是通过执行存储在存储器中的程序而工作的。计算机执行程序是自动按序进行的，无须人工干预，程序和数据由输入设备输入存储器，执行程序所获得的运算结果由输出设备输出。因此，计算机通常由运算控制部件、存储器部件、输入设备和输出设备四部分组成，如图 1-1 所示。

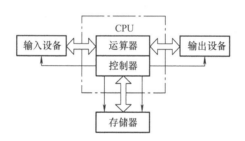

图 1-1 冯·诺依曼型的计算机组成框图

2. 哈佛结构

图 1-2 为哈佛结构示意图。下面结合图 1-2 简单介绍其结构特点。

图 1-2 哈佛结构的示意图

数据与程序分别存于两个存储器中，是哈佛结构的重要特点。由图 1-2 可见系统有两条总线，也就是数据总线和指令传输总线完全分开。哈佛结构的优点是，指令和数据空间是完全分开的，一个用于取指令，另一个用于存取数据。所以哈佛结构与常见的冯·诺依曼结构不同的第一点是：程序和数据总线可以采用不同的宽度。数据总线都是 8 位的，低档、中档和高档系列的指令总线位数分别为 12 位、14 位和 16 位。第二点是：由于可以对程序和数据同时进行访问，CPU 的取指和执行采用指令流水线结构，如表 1-1 所示，当一条指令被执行时允许下一条指令同时被取出，使得在每个时钟周期可以获得最高效率。

表 1-1 指令流水线结构

周期 0	周期 1	周期 2	周期 3	周期 4
取指 0	执行 0			
	取指 1	执行 1		
		取指 2	执行 2	
			取指 3	执行 3

而在指令流水线结构中，取指和执行在时间上是相互重叠的，所以才可能实现单周期指令。只有涉及改变程序计数器 PC（Program Counter）值的分支程序指令时，才需要两个周期。

在本书后面的学习中，重点介绍的 IAP15W4K58S4 单片机采用的就是哈佛结构。

三、常见的 8 位单片机类型

1. 51 系列

51 系列单片机是 Intel 公司在 20 世纪 80 年代初研制出来的，主要应用在教学、工业控制、仪器仪表和信息通信中。Intel 公司将 MCS51 的核心技术授权给了很多其他公司，所以有很多公司在做以 8051 为核心的单片机，如 Atmel、飞利浦、宏晶科技等公司，相继开发了功能更多、更强大的兼容产品。

2. PIC 系列

Microchip 公司生产的 PIC 系列单片机是市场份额增长最快的单片机。它强调节约成本的最优化设计，是使用量大、档次低、价格敏感的产品。

3. AVR 系列

AVR 单片机是 Atmel 公司于 1997 年研发并推出的增强型内置 Flash 程序存储器的精简指令集 CPU（Reduced Instruction Set CPU，RISC）的新型高速 8 位单片机。

4. HC（S）08 系列

HC（S）08 单片机是 Motorola 公司研制的，其特点是在同样的速度下所用的时钟较 Intel 类单片机低得多，因而高频噪声低，抗干扰能力强，更适合用于工控领域以及恶劣环境。

四、STC 系列单片机

STC 系列单片机是深圳宏晶科技有限公司研发的 1T 增强型 8051 内核单片机，平均速度比普通 8051 单片机快 7~12 倍，指令代码完全兼容普通 8051 单片机。STC 单片机全部采用 Flash 技术（可反复编程 10 万次以上）和 ISP/IAP（在系统可编程/在应用可编程）技术，大幅度提高了集成度，如集成了 A-D、CCP/PCA/PWM、SPI、UART、定时器、看门狗、高可靠复位电路、内部高精准时钟、大容量 SRAM、大容量 EEPROM、大容量 Flash 程序存储器等。STC 单片机几乎包含了数据采集和控制中所需要的所有单元模块，可以称得上一个真正的片上系统（System Chip 或 System on Chip，简称为 STC，这是宏晶科技 STC 名称的由来）。STC 单片机来源于普通 8051 单片机，却又高于普通 8051 单片机。

STC 单片机产品系列包括 STC89、STC90、STC10/11、STC12/15 等。STC89、

STC90 属于 12T/6T 系列产品，STC10/11、STC12/15 属于 1T 系列产品。STC15 是最新系列，以 STC12 系列为基础且功能更多更强，速度比 STC11、STC12 快 20％。STC15 系列单片机命名规则如下：

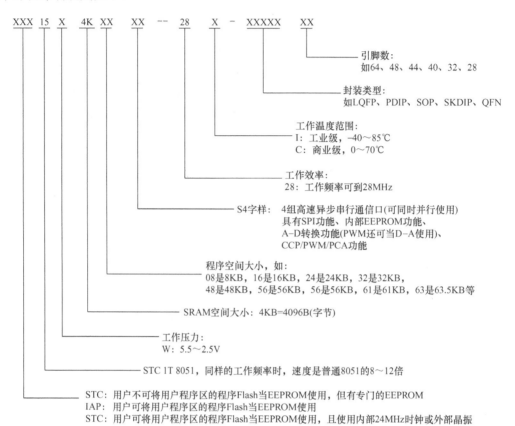

本书以 STC15 系列中的可仿真的 IAP15W4K58S4 单片机为教学机型，按照项目化组织方式学习 STC15 系列单片机片内资源及典型应用。

1.2.2 IAP15W4K58S4 单片机

一、IAP15W4K58S4 单片机引脚功能

IAP15W4K58S4 单片机是 STC15 系列中的子系列 STC15W4K32S4 的一款可仿真的单片机。IAP15W4K58S4 的封装形式有 LQFP64、LQFP48、LQFP44、PDIP40、SOP32、LQFP32、SKDIP28 等，其中 PDIP40 和 LQFP44 的封装和引脚如图 1-3 所示。

下面以 IAP15W4K58S4 单片机的 PDIP40 塑料双列直插式封装为例介绍各个引脚的功能。从引脚图可以看出，除引脚 18、20 为电源 V_{cc} 和地 GND 以外，其他 38 个引脚都可以作为 I/O 口，也就是说 IAP15W4K58S4 单片机不需外围电路，只需接上电源就是一个单片机最小系统了。除电源外的 38 个引脚都有复用功能，下面通过列表分别介绍。

（1）P0 口

P0 口引脚排列与功能说明如表 1-2 所示。

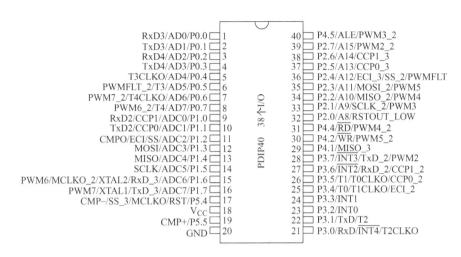

a) PDIP40封装形式

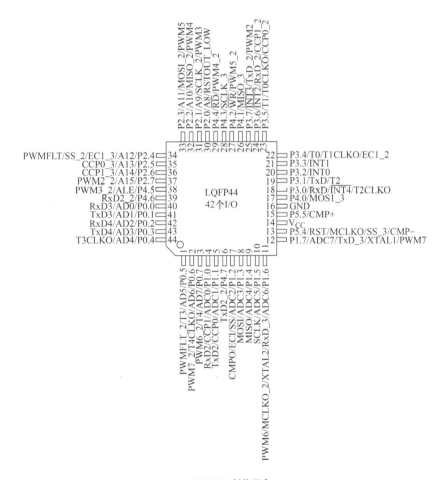

b) LQFP44封装形式

图 1-3 IAP15W4K58S4 的 PDIP40 和 LQFP44 封装和引脚图

表 1-2　P0 口引脚排列与功能说明

引脚号	引脚名称	第一功能	第二功能	第三功能	第四功能
1	P0.0/AD0/RxD3	标准 I/O 口	地址/数据总线	串口 3 数据接收	
2	P0.1/AD1/TxD3	标准 I/O 口	地址/数据总线	串口 3 数据发送	
3	P0.2/AD2/RxD4	标准 I/O 口	地址/数据总线	串口 4 数据接收	
4	P0.3/AD3/TxD4	标准 I/O 口	地址/数据总线	串口 4 数据发送	
5	P0.4/AD4/T3CLKO	标准 I/O 口	地址/数据总线	定时器/计数器 4 时钟输出	
6	P0.5/AD5/T3/PWMFLT _ 2	标准 I/O 口	地址/数据总线	定时器/计数器 3 外部输入	PWM 异常停机控制
7	P0.6/AD6/T4CLKO/PWM7 _ 2	标准 I/O 口	地址/数据总线	定时器/计数器 4 时钟输出	脉宽调制输出通道 7
8	P0.7/AD7/T4/PWM6 _ 2	标准 I/O 口	地址/数据总线	定时器/计数器 4 外部输入	脉宽调制输出通道 6

（2）P1 口

P1 口引脚排列与功能说明如表 1-3 所示。

表 1-3　P1 口引脚排列与功能说明

引脚号	引脚名称	第一功能	第二功能	第三功能	第四功能	第五功能
9	P1.0/ADC0/CCP1/RxD2	标准 I/O 口	ADC 输入通道 0	外部信号捕获、高速脉冲输出及脉宽调制输出通道 1	串口 2 数据接收	
10	P1.1/ADC1/CCP0/TxD2	标准 I/O 口	ADC 输入通道 1	外部信号捕获、高速脉冲输出及脉宽调制输出通道 0	串口 2 数据发送	
11	P1.2/ADC2/SS/ECI/CMPO	标准 I/O 口	ADC 输入通道 2	SPI 同步串行接口的从机选择信号	CCP/PCA 计数器的外部脉冲输入	比较器的比较结果输出
12	P1.3/ADC3/MOSI	标准 I/O 口	ADC 输入通道 3	SPI 同步串行接口的主出从入		
13	P1.4/ADC4/MISO	标准 I/O 口	ADC 输入通道 4	SPI 同步串行接口的主出从入		
14	P1.5/ADC5/SCLK	标准 I/O 口	ADC 输入通道 5	SPI 同步串行接口的时钟信号		
15	P1.6/ADC6/RxD _ 3/XTAL2/MCLKO _ 2/PWM6	标准 I/O 口	ADC 输入通道 6	串口 1 数据接收	内部时钟电路反相放大器的输出，接外部晶振的其中一端	脉宽调制输出通道 6
16	P1.7/ADC7/TxD _ 3/XTAL1/PWM7	标准 I/O 口	ADC 输入通道 7	串口 1 数据发送	内部时钟电路反相放大器输入，接外部晶振的其中一端	脉宽调制输出通道 7

（3）P2 口

P2 口引脚排列与功能说明如表 1-4 所示。

表 1-4　P2 口引脚排列与功能说明

引脚号	引脚名称	第一功能	第二功能	第三功能	第四功能	第五功能
32	P2.0/A8/RSTOUT＿LOW	标准 I/O 口	地址总线 A8	上电后和复位期间输出低电平，用户可用软件将其设置为高电平或低电平，如果要读外部状态，可将该口先置高后再读		
33	P2.1/A9/SCLK＿2/PWM3	标准 I/O 口	地址总线 A9	SPI 同步串行接口的时钟信号	脉宽调制输出通道 3	
34	P2.2/A10/MISO＿2/PWM4	标准 I/O 口	地址总线 A10	SPI 同步串行接口的主入从出（主器件的输入和从器件的输出）	脉宽调制输出通道 4	
35	P2.3/A11/MOSI＿2/PWM5	标准 I/O 口	地址总线 A11	SPI 同步串行接口的主出从入（主器件的输出和从器件的输入）	脉宽调制输出通道 5	
36	P2.4/A12/ECI＿3/SS＿2/PWMFLT	标准 I/O 口	地址总线 A12	CCP／PCA 计数器的外部脉冲输入	SPI 同步串行接口的从机选择信号	PWM 异常停机控制
37	P2.5/A13/CCP0＿3	标准 I/O 口	地址总线 A13	外部信号捕获、高速脉冲输出及脉宽调制输出通道 0		
38	P2.6/A14/CCP1＿3	标准 I/O 口	地址总线 A14	外部信号捕获、高速脉冲输出及脉宽调制输出通道 1		
39	P2.7/A15/PWM2＿2	标准 I/O 口	地址总线 A15	脉宽调制输出通道 2		

（4）P3 口

P3 口引脚排列与功能说明如表 1-5 所示。

表 1-5　P3 口引脚排列与功能说明

引脚号	引脚名称	第一功能	第二功能	第三功能	第四功能
21	P3.0/RxD/$\overline{INT4}$/T2CLKO	标准 I/O 口	串口 1 输入	外部中断 4	定时器 2 时钟输出
22	P3.1/TxD/T2	标准 I/O 口	串口 1 输出	定时器 2 计数脉冲输入	
23	P3.2/INT0	标准 I/O 口	外部中断 0		
24	P3.3/INT1	标准 I/O 口	外部中断 1		
25	P3.4/T0/T1CLKO/ECI＿2	标准 I/O 口	定时器 0 计数脉冲输入	定时器 1 时钟输出	CCP/PCA 计数器的外部脉冲输入
26	P3.5/T1/T0CLKO/CCP0＿2	标准 I/O 口	定时器 1 计数脉冲输入	定时器 0 时钟输出	外部信号捕获、高速脉冲输出及脉宽调制输出通道 0
27	P3.6/$\overline{INT2}$/RxD＿2/CCP1＿2	标准 I/O 口	外部中断 2	串口 1 输入	外部信号捕获、高速脉冲输出及脉宽调制输出通道 1
28	P3.7/$\overline{INT3}$/TxD＿2/PWM2	标准 I/O 口	外部中断 3	串口 1 输出	脉宽调制输出通道 2

（5）P4 口

P4 口引脚排列与功能说明如表 1-6 所示。

表 1-6　P4 口引脚排列与功能说明

引脚号	引脚名称	第一功能	第二功能	第三功能
29	P4.1/MISO_3	标准 I/O 口	SPI 同步串行接口的主入从出（主器件的输入和从器件的输出）	
30	P4.2/$\overline{\text{WR}}$/PWM5_2	标准 I/O 口	外部数据存储器写选通输出端	脉宽调制输出通道 5
31	P4.4/$\overline{\text{RD}}$/PWM4_2	标准 I/O 口	外部数据存储器读选通输出端	脉宽调制输出通道 4
40	P4.5/ALE/PWM3_2	标准 I/O 口	地址锁存允许	脉宽调制输出通道 3

（6）P5 口

P5 口引脚排列与功能说明如表 1-7 所示。

表 1-7　P5 口引脚排列与功能说明

引脚号	引脚名称	第一功能	第二功能	第三功能	第四功能	
17	P5.4/RST/MCLKO/SS_3/CMP−	标准 I/O 口	复位	主时钟输出	SPI 同步串行接口的从机选择信号	比较器负极输入
19	P5.5/CMP+	标准 I/O 口	比较器正极输入			

二、IAP15W4K58S4 单片机的内部结构

IAP15W4K58S4 单片机包含中央处理器（CPU），程序存储器（Flash），数据存储器（SRAM），定时器/计数器，掉电唤醒专用定时器，I/O 口，高速 A-D 转换器，比较器，看门狗，UART 高速异步串口 1、串口 2、串口 3、串口 4，CCP/PWM/PCA，高速异步串行通信口 SPI，片内高精度 R/C 时钟及高可靠复位模块等。IAP15W4K58S4 单片机片内基本结构如图 1-4 所示。

1. CPU 结构

CPU 是单片机的核心部件，它由运算器和控制器等部件组成。

（1）运算器

运算部件以算术逻辑单元 ALU 为核心，是由 ALU、累加器 ACC、寄存器 B、暂存器、程序状态字 PSW 以及十进制调整电路和布尔处理器等许多部件组成的。

1）8 位算术和逻辑运算的 ALU 单元。ALU 单元可以对 4 位（半字节）、8 位（一字节）和 16 位（双字节）数据进行操作，完成算术四则运算、逻辑运算、位操作及循环移位等逻辑操作，操作结果的状态信息送至状态寄存器（PSW）。

2）累加器 ACC，在指令中用助记符 A 来表示。累加器 ACC 是一个 8 位寄存器，是 CPU 中工作最繁忙的寄存器。在算术逻辑运算中，用来存放一个操作数或运算结果（包括中间结果）。与外部存储器和 I/O 接口打交道时，完成数据传送。

3）寄存器 B。寄存器 B 可作通用寄存器，在乘除运算中使用。作乘法运算时，寄存器 B 用来存放乘数以及积的高位字节；作除法运算时，寄存器 B 用来存放除数以及余数；不作乘除运算时，寄存器 B 可作通用寄存器使用。

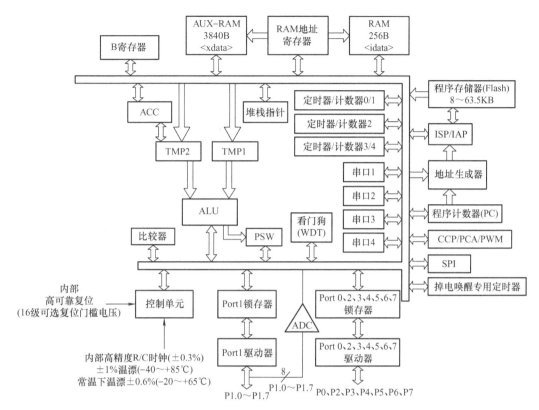

图 1-4 IAP15W4K58S4 单片机的内部结构

4）程序状态字寄存器 PSW（程序状态标志寄存器）。程序状态字寄存器 PSW 是 8 位寄存器，用于存放当前指令执行后操作结果的某些特征，以便为下一条指令的执行提供依据。PSW 的各位定义如表 1-8 所示。

表 1-8　PSW 各位定义

位序	PSW. 7	PSW. 6	PSW. 5	PSW. 4	PSW. 3	PSW. 2	PSW. 1	PSW. 0
位标志	CY	AC	F0	RS1	RS0	OV	—	P
位地址	D7H	D6H	D5H	D4H	D3H	D2H	D1H	D0H

① CY：进位标志位。在执行某些算术和逻辑指令时，可以被硬件或软件置位或清零。在算术运算中，它可作为进位标志；在位运算中，它作累加器使用；在位传送、位与和位或等位操作中，都要使用进位标志位。

② AC：辅助进位标志。进行加法或减法操作时，当发生低 4 位向高 4 位进位或借位时，AC 由硬件置位，否则 AC 位被置"0"。在执行十进制调整指令时，将借助 AC 的状态进行判断。

③ F0：用户标志位。该位为用户定义的状态标记，用户根据需要用软件对其置位或清零，也可以用软件测试 F0 来控制程序的跳转。

④ RS1 和 RS0：寄存器区选择控制位。该两位通过软件置"0"或"1"来选择当前工

9

作寄存器区，如表 1-9 所示。

表 1-9　工作寄存器选择

RS1	RS0	寄存器组	片内 RAM 地址	RS1	RS0	寄存器组	片内 RAM 地址
0	0	第 0 组	00H～07H	1	0	第 2 组	10H～17H
0	1	第 1 组	08H～0FH	1	1	第 3 组	18H～1FH

CPU 通过对 PSW 中的 D4H、D3H 位内容的修改，就能任选一个工作寄存器区。

⑤ OV：溢出标志位。当执行算术指令时，在带符号的加减运算中，OV＝1 表示有溢出（或借位）；反之，OV＝0 表示运算正确，即无溢出产生。

⑥ P：奇偶标志位。用以表示累加器 A 中 1 的个数的奇偶性，它常常用于手机间通信。若累加器中 1 的个数为奇数，则 P＝1，否则 P＝0。

5）布尔处理器。布尔处理器用于完成布尔代数逻辑运算。

（2）控制器

控制器是 CPU 的大脑中枢，是计算机的指挥控制部件。它由程序计数器（PC）、指令寄存器（IR）、指令译码器（ID）、数据指针（DPTR）、堆栈指针（SP）以及定时与控制电路等部件组成。对来自存储器中的指令进行译码，通过定时控制电路在规定的时刻发出各种操作所需的控制信号，使各部分协调工作，完成指令所规定的功能。

1）程序计数器 PC。程序计数器 PC 是 16 位专用寄存器，寻址范围为 64KB，用于存放 CPU 执行的下一条指令的地址，具有自动加 1 的功能。当一条指令按照 PC 所指的地址从程序存储器中取出后，PC 会自动加 1，指向下一条指令。

2）指令寄存器 IR 和指令译码器 ID。指令寄存器 IR 是 8 位寄存器，用于暂存待执行的指令，等待译码；指令译码器 ID 对指令寄存器中的指令进行译码，即将指令转变为所需的电平信号。

根据译码器输出的电平信号，再经定时控制电路定时产生执行该指令所需要的各种控制信号。

3）数据指针 DPTR。数据指针 DPTR 是 16 位专用寄存器。它可以对 64KB 的外部数据存储器和 I/O 口进行寻址，也可作为两个 8 位寄存器。它用作外部数据存储器的地址指针。

4）堆栈指针 SP。堆栈指针 SP 是 8 位特殊功能寄存器。在片内 RAM（128B）中开辟栈区，并随时跟踪栈顶地址，它按先进后出的原则存取数据，上电复位后，SP 指向 07H。

2. 存储器及特殊功能寄存器

STC15 系列单片机的程序存储器和数据存储器是各自独立编址的。STC15 系列单片机的所有程序存储器都是片上 Flash 存储器，不能访问外部程序存储器，因此没有访问外部程序存储器的总线。程序 Flash 存储器可在线反复编程擦写 10 万次以上，提高了使用的灵活性和方便性。

STC15 系列单片机内部集成了大容量的数据存储器，IAP15W4K58S4 单片机内有 4096B 的数据存储器，4096B 数据存储器在物理和逻辑上分为两个地址空间：内部 RAM（256B）和内部扩展 RAM（3840B）。其中内部 RAM 高 128B 的数据存储器与特殊功能寄存器（SFR）貌似地址重叠，实际使用时通过不同的寻址方式加以区分。另外，IAP15W4K58S4 单片机还可以访问在片外扩展的 64KB 外部数据存储器。IAP15W4K58S4

单片机存储器结构如图 1-5 所示。

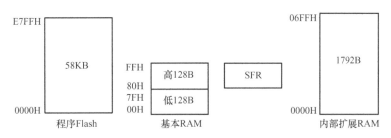

图 1-5　IAP15W4K58S4 单片机存储器结构

（1）程序存储器

程序存储器用于存放程序代码和表格常数数据。IAP15W4K58S4 单片机片内集成了 58KB 的程序 Flash 存储器，其地址为 0000H～E7FFH。

单片机复位后，程序计数器（PC）的内容为 0000H，从 0000H 单元开始执行程序。中断服务程序的入口地址（又称中断向量）也位于程序存储器单元。在程序存储器中，每个中断都有一个固定的入口地址，当中断发生并得到响应后，单片机就会自动跳转到相应的中断入口地址去执行程序。IAP15W4K58S4 单片机共有 21 个中断请求源，它们分别是：外部中断 0（INT0）、定时器 0 中断、外部中断 1（INT1）、定时器 1 中断、串口 1 中断、A-D 转换中断、低压检测（LVD）中断、CCP/PWM/PCA 中断、串口 2 中断、SPI 中断、外部中断 2（INT2）、外部中断 3（INT3）、定时器 2 中断、外部中断 4（INT4）、串口 3 中断、串口 4 中断、定时器 3 中断、定时器 4 中断、比较器中断、PWM 中断及 PWM 异常检测中断。最基本的 5 个中断的中断向量地址如表 1-10 所示。

表 1-10　最基本的 5 个中断的中断向量地址

0003H	INT0 外部中断 0 中断服务入口地址	001BH	T1 定时器/计数器 1 中断服务入口地址
000BH	T0 定时器/计数器 0 中断服务入口地址	0023H	TI/RI 串口中断服务入口地址
0013H	INT1 外部中断 1 中断服务入口地址		

从表 1-10 可以看出，相邻中断入口地址的间隔区间只有 8 个字节，一般情况下无法保存完成的中断服务程序，因此，一般在中断响应的地址区域存放一条无条件转移指令，指向真正存放中断服务程序的空间去执行。

（2）数据存储器

数据存储器分为基本 RAM 和内部扩展 RAM。

1）基本 RAM。IAP15W4K58S4 单片机片内基本 RAM 结构如图 1-6 所示。从中可以看到，IAP15W4K58S4 片内数据存储器可划分为两大区域：从 00H～7FH 为片内低 128B 的 RAM 区、高 128B 的 RAM 区和特殊功能寄存器区（SFR）。高 128B 基本 RAM 和特殊功能寄存器区都使用 80H～FFH 地址空间，但物理上是独立的，使用时通过不同的寻址方式加以区分。高 128B RAM 区只能间接寻址，特殊功能寄存器区只可直接寻址。

地址为 00H～7FH 的低 128B 的片内 RAM 区又可以划分为三个区域：通用寄存器区、可位寻址区、用户 RAM 区（堆栈也可以设在这里）。

① 通用寄存器区：地址（00H～1FH）。通用寄存器区由 4 个寄存器构成：0 组

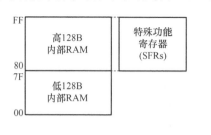
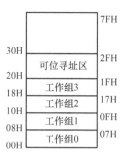

a) 内部RAM   b) 低128B的内部RAM

图 1-6   IAP15W4K58S4 基本 RAM 结构

（00H～07H）、1 组（08H～0FH）、2 组（10H～17H）、3 组（18H～1FH）。每个寄存器组含有 8 个通用寄存器：R0、R1、…、R7，共有 32 个通用寄存器。

② 可位寻址区。片内 RAM 的可位寻址区是字节地址为 20H～2FH 的 16 个字节单元。

③ 用户 RAM 区。片内 RAM 的用户 RAM 区地址为 30H～7FH。

特殊功能寄存器 SFR 区：表 1-11 列出了 IAP15W4K58S4 单片机 SFR 的地址及复位值，带阴影部分的是传统 8051 的 21 个 SFR（另加程序计数器 PC），其余部分 SFR 是 STC15 系列单片机新增的，其中地址能被 8 整除的 SFR 是可位寻址的。

表 1-11   IAP15W4K58S4 单片机 SFR 的地址及复位值

	0/8	1/9	2/A	3/B	4/C	5/D	6/E	7/F
0F8H	P7 1111,1111	CH 0000,0000	CCAP0H 0000,0000	CCAP1H 0000,0000	CCAP2H 0000,0000	PWMCR 0000,0000	PWMIF X000,0000	PWMFDCR XX00,0000
0F0H	B 0000,0000	PWMCFG 0000,0000	PCA_PWMO 00xx,xx00	PCA_PWM1 00xx,xx00	PCA_PWM2 00xx,xx00			
0E8H	P6 1111,1111	CL 0000,0000	CCAP0L 0000,0000	CCAP1L 0000,0000	CCAP2L 0000,0000			
0E0H	ACC 0000,0000	P7M1 0000,000	P7M0 0000,000					
0D8H	CCON 00XX,0000	CMOD 0xxx,x000	CCAPMO X000,0000	CCAPM1 x000,0000	CCAPM2 x000,0000			
0D0H	PSW 0000,00x0	T4T3M 0000,0000	T4H RL_TH4 0000,0000	T4L RL_TL4 0000,0000	T3H RL_TH3 0000,0000	T3L RL_TL3 0000,0000	T2H RL_TH2 0000,0000	T2L RL_TL2 0000,0000
0C8H	P5 XXXX,1111	P5M1 XXXX,0000	P5M0 XXXX,0000	P6M1 0000,0000	P6M0 0000,0000	SPSTAT 00xx,XXXX	SPCTL 0000,0100	SPDAT 0000,0000
0C0H	P4 1111,1111	WDT_ CONTR 0X00,0000	IAP_ DATA 1111,1111	IAP_ ADDRH 0000,0000	IAP_ ADDRL 0000,0000	IAP_ CMD XXXX,XX00	IAP_ TRIG XXXX,XXXX	IAP_ CONTR 0000,0000
0B8H	IP X0X0,0000	SADEN	P_SW2 XXXX,X000		ADC_ CONTR 0000,0000	ADC_ RES 0000,0000	ADC_ REST 0000,0000	

12

	0/8	1/9	2/A	3/B	4/C	5/D	6/E	7/F
0B0H	P3 1111,1111	P3M1 0000,0000	P3M0 0000,0000	P4M1 0000,0000	P4M0 0000,0000	IP2 XXX0,0000	IP2H XXXX,XX00	IPH 0000,0000
0A8H	IE 0000,0000	SADDR	WKTCL WKTCL_CNT 0111 1111	WKTCH WKTCH_CNT 0111 1111	S3CON 0000,0000	S3BUF XXXX,XXXX		IE2 X000,0000
0A0H	P2 1111,1111	BUS_SPEED XXXX,XX10	AUXR1 P_SW1 0100,0000					
098H	SCON 0000,0000	SBUF XXXX,XXXX	S2CON 0100,0000	S2BUF XXXX,XXXX		P1ASF 0000,0000		
090H	P1 1111,1111	P1M1 0000,0000	P1M0 0000,0000	P0M1 0000,0000	P0M0 0000,0000	P2M1 0000,0000	P2M0 0000,0000	CLK_DIV PCON2
088H	TCON 0000,0000	TMOD 0000,0000	TL0 RL_TL0 0000,0000	TL1 RL_TL1 0000,0000	TH0 RL_TH0 0000,0000	TH1 RL_TH1 0000,0000	AUXR 0000,0001	INT_CLKO AUXR2 0000,0000
080H	P0 1111,1111	SP 0000,0111	DPL 0000,0000	DPH 0000,0000	S4CON 0000,0000	S4BUF XXXX,XXXX		PCON 0011,0000

在 80H～FFH 地址空间，SFR 并没有完全被占用。对于余留的空间，用户不可使用。

2）内部扩展 RAM。地址范围为 0000H～E7FFH，为 58KB，用 MOVX 指令进行访问。IAP15W4K58S4 单片机保留了传统 8051 单片机片外数据存储器的扩展功能，但使用时扩展 RAM 和片外数据存储器不能并存，可通过 AUXR 进行选择，默认设置时是使用片内扩展 RAM。扩展片外数据存储器时，要占用 P0 口、P2 口以及 ALE、RD、WR 引脚，而使用片内扩展 RAM 时与它们无关。实际应用中尽量使用片内扩展 RAM，不推荐扩展片外数据存储器。

三、IAP15W4K58S4 单片机的时钟

IAP15W4K58S4 单片机的主时钟有两种时钟源：内部 RC 振荡器时钟和外部时钟（由 XTAL1 和 XTAL2 外接晶振产生时钟，或直接输入时钟）。

（1）内部 RC 振荡器时钟

如果使用 IAP15W4K58S4 单片机的内部 RC 振荡器，可让 XTAL1 和 XTAL2 引脚悬空。IAP15W4K58S4 单片机常温下时钟频率为 5～35MHz，温漂为±5%。

（2）外部时钟

XTAL1 和 XTAL2 是单片机内部高增益反相放大器的输入端和输出端。由 XTAL1、XTAL2 引脚外接晶振产生时钟的电路如图 1-7a 所示，直接从 XTAL1 输入外部时钟信号源的时钟电路如图 1-7b 所示。

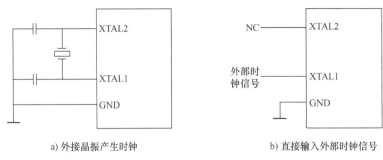

a) 外接晶振产生时钟   b) 直接输入外部时钟信号

图 1-7　IAP15W4K58S4 振荡器电路

四、IAP15W4K58S4 单片机的复位

复位是单片机的初始化工作，复位后单片机内部寄存器都处于一个确定的初始状态，并从这个状态开始工作。IAP15W4K58S4 单片机有 7 种复位方式：外部 RST 引脚复位、内部低压检测复位、MAX810 专用复位电路复位、软件复位、掉电复位/上电复位、看门狗复位以及程序地址非法复位。下面介绍前三种复位方式。

（1）外部 RST 引脚复位

外部 RST 引脚复位就是从外部向 RST 引脚施加至少保持一定宽度的高电平复位脉冲，从而实现单片机的复位和初始化。P5.4/RST 引脚出厂时被配置为 I/O 口，要将其配置为复位引脚，可在 ISP 烧录程序时设置。如果 P5.4/RST 引脚已在 ISP 烧录程序时被设置为复位引脚，P5.4/RST 就是芯片复位的输入脚。将复位引脚拉高并维持至少 24 个时钟加 20μs 后，单片机会进入复位状态，将 RST 复位引脚拉回低电平后，单片机结束复位状态并将特殊功能寄存器 IAP_CONTR 中的 SWBS/IAP_CONTR.6 位置 1，同时从系统 ISP 监控程序区启动。IAP15W4K58S4 单片机的外部引脚复位电路如图 1-8 所示，与传统的 8051 单片机的复位是一样的。

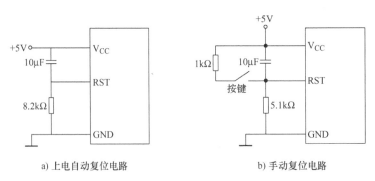

a) 上电自动复位电路   b) 手动复位电路

图 1-8　复位电路

（2）MAX810 专用复位电路复位

STC15 系列单片机内部集成了 MAX810 专用复位电路。若 MAX810 专用复位电路在 STC－ISP 编程器中被允许，则以后掉电复位/上电复位后将产生 180ms 复位延时，复位才被解除。复位解除后单片机将特殊功能寄存器 IAP_CONTR 中 SWBS/IAP_CONTR.6 位置 1，同时从系统 ISP 监控程序区启动。

（3）内部低压检测复位

当电源电压 V_{cc} 低于内部低压检测（LVD）门槛电压时，可产生复位（前提是在 ISP 编程 /烧录用户程序时，允许低压检测复位/禁止低压中断，即将低压检测门槛电压设置为复位门槛电压）。低压检测复位结束后，不影响特殊功能寄存器 IAP _ CONTR 中 SWBS/IAP _ CONTR. 6 的值，单片机根据复位前 SWBS/IAP _ CONTR. 6 的值选择是从用户应用程序区启动，还是从系统 ISP 监控程序区启动。STC15 单片机内置了 8 级可选的低压检测门槛电压。

1.2.3 数制及转换

虽然计算机能极快地进行运算，但其内部并不是像人们在实际生活中使用的十进制，而是使用只包含 0 和 1 两个数值的二进制。当然，人们输入计算机的十进制被转换成二进制进行计算，计算后的结果又由二进制转换成十进制，这都由操作系统自动完成，并不需要人们手动去做。在进行单片机 C51 编程过程中，输入/输出端口高、低电平可以直接用二进制、十六进制数值控制，有些情况又适合采用十进制数值控制，所以经常要进行二进制、十进制、十六进制的相互转换。

数制也称计数制，是用一组固定的符号和统一的规则来表示数值的方法。数制基本术语有数码、基数、位权。人们通常采用的数制有十进制 D（decimal）、二进制 B（binary）和十六进制 H（hexadecimal），下面分别加以介绍。

1. 数码

数码指数制中表示基本数值大小的不同数字符号。

例如，十进制有 10 个数码：0、1、2、3、4、5、6、7、8、9；十六进制有 16 个数码：0、1、2、3、4、5、6、7、8、9、A、B、C、D、E、F。

2. 基数

基数指数制所使用数码的个数。

例如，二进制的基数为 2，十进制的基数为 10。

3. 位权

位权指数制中某一位上的 1 所表示数值的大小（所处位置的价值）。

例如，十进制的 123，1 的位权是 100，2 的位权是 10，3 的位权是 1。二进制中的 1011，第一个 1 的位权是 8，0 的位权是 4，第二个 1 的位权是 2，第三个 1 的位权是 1。

4. 十进制（D）

日常生活中人们使用最多的是十进制，数码用 0、1、2、3、4、5、6、7、8、9 这十个符号来描述，计数规则是逢十进一。

5. 二进制（B）

在计算机系统中采用二进制。在二进制中，数码用 0 和 1 两个符号来描述，计数规则是逢二进一。

6. 十六进制（H）

十六进制是人们在计算机指令代码和数据的书写中经常使用的数制。在十六进制中，数用 0、1、…、9 和 A、B、…、F 共 16 个符号来描述，计数规则是逢十六进一。

下面来看看各数制之间是怎样转换的。

1. 其他进制转换为十进制

方法：将其他进制按权位展开，然后各项相加，就得到相应的十进制数。

例 1：$N=(10110.101)B=(?)D$

解：按权展开 $N=1\times2^4+0\times2^3+1\times2^2+1\times2^1+0\times2^0+1\times2^{-1}+0\times2^{-2}+1\times2^{-3}$
$$=16+4+2+0.5+0.125=(22.625)D$$

2. 将十进制转换成其他进制

方法：分两部分进行，即整数部分和小数部分。

（1）整数部分（基数除法）

把要转换的数除以新进制的基数，把余数作为新进制的最低位；把上一次得的商再除以新的进制基数，把余数作为新进制的次低位；继续上一步，直到最后的商为零，这时的余数就是新进制的最高位。

（2）小数部分（基数乘法）

把要转换的数的小数部分乘以新进制的基数，把得到的整数部分作为新进制小数部分的最高位；把上一步得的小数部分再乘以新进制的基数，把整数部分作为新进制小数部分的次高位；继续上一步，直到小数部分变成零为止，或者达到预定的要求也可以。

3. 二进制与八进制、十六进制的相互转换

二进制转换为八进制、十六进制：它们之间满足 2^3 和 2^4 的关系，因此把要转换的二进制从低位到高位每 3 位或 4 位划为一组，高位不足时在有效位前面添"0"，然后把每组二进制数转换成八进制或十六进制即可。

例 2：$N=0101001001B=(?)H$

解：$0101001001B=0001/0100/1001B=149H$

八进制、十六进制转换为二进制时，把上面的过程逆过来即可。

例 3：$N=(C1B)H=(?)B$

解：$(C1B)H=1100/0001/1011=(110000011011)B$

1.2.4 使用 Keil4 和 STC-ISP 软件仿真调试程序

所有的计算机只能识别和执行二进制代码，而不能识别人们熟知的语言，因此，对于已写好的单片机源程序汇编语言（或 C 语言），必须翻译成单片机可识别的目标代码，然后转载到单片机的程序存储器中进行调试，这种翻译工具称为编译器。

本书推荐使用 Keil C51 作为编译器工具。由于 Keil 的版本比较多，本书以 Keil 的 μVision4 为例进行介绍，Keil 的其他版本与之类似。

Keil4 的安装过程就不详述了。Keil4 软件安装完成后，还需要安装 STC 的仿真驱动。打开 STC-ISP 下载软件，然后在软件右边功能区的"Keil 仿真设置"选项卡中单击"添加型号和头文件到 Keil 中，添加 STC 仿真器驱动到 Keil 中"按钮，如图 1-9 所示。

然后会弹出图 1-10 所示的界面。

将目录定位到 Keil 软件的安装目录，然后确定安装成功后会弹出图 1-11 所示的提示框，表示 STC MCU 型号已经添加进 Keil4 中，以后 Keil 中创建工程时可以直接选用 STC 的 MCU 型号，直接在 C 里面包含 STC MCU 的头文件。下面介绍 Keil4 创建工程的完整过程。

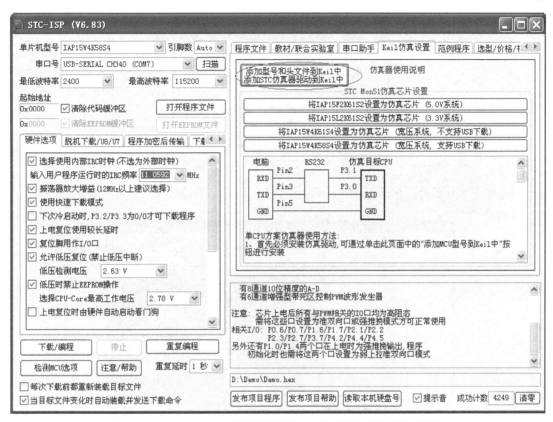

图 1-9 通过 STC-ISP 下载软件设置在 keil 中添加 STC MCU 型号

图 1-10 添加 STC MCU 型号的路径

图 1-11　STC MCU 型号添加成功提示

首先打开 Keil 软件，并单击"Project"→"New μVision Project…"命令，如图 1-12 所示。

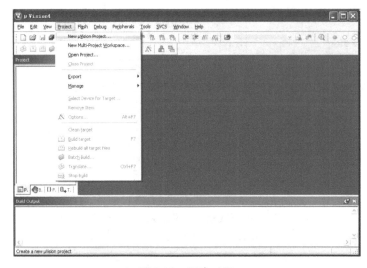

图 1-12　新建工程

在图 1-13 所示的对话框中输入新建的项目名称，然后保存。

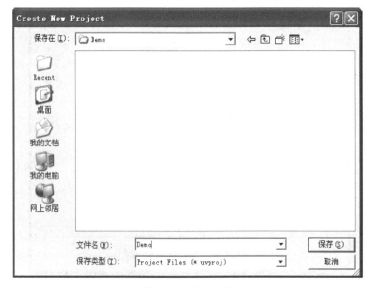

图 1-13　保存工程

在图 1-14 所示的"Select a CPU Data Base File"对话框内选择"STC MCU Database"选项。

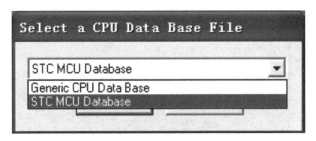

图 1-14　选择单片机类型

在图 1-15 所示的"Select Device for Target'Target1'"对话框里选择具体的芯片型号，里面没有 IAP15W4K58S4，可以选择与其同一个系列的、资源类似的单片机"STC15W4K32S4"。

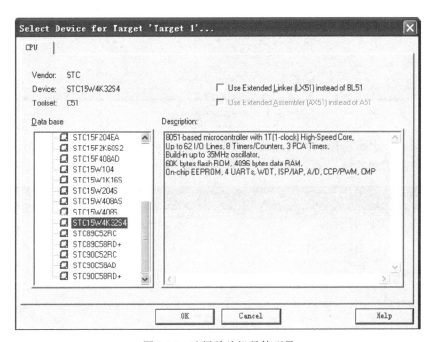

图 1-15　选择单片机具体型号

型号确定后，Keil 会弹出图 1-16 所示的对话框，问是否需要将启动代码文件添加到项目中，一般建议选择"是"（也可选择"否"）。

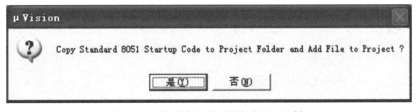

图 1-16　启动代码是否添加提示对话框

　　至此，基本的项目文件已建立完毕。接下来需要新建源代码文件，单击"File" →
"New…"命令，如图 1-17 所示。

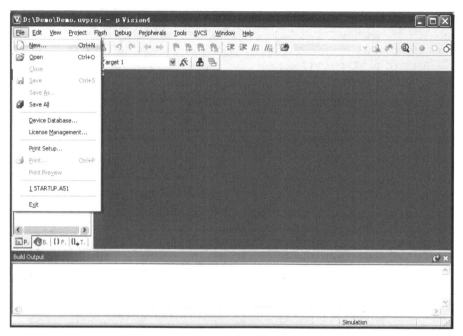

图 1-17　新建源程序文件

　　在新建的文件中输入相应的源代码，然后单击"File" → "Save"命令对文件进行保
存，注意文件的扩展名是".c"，如图 1-18 所示。

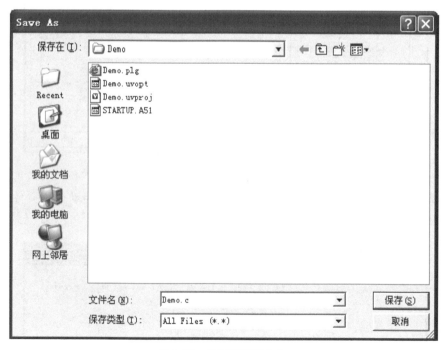

图 1-18　保存源程序文件

文件保存完成后，按照图 1-19 所示进行操作。具体操作方法是：用鼠标右键单击"Project"列表中的"Source Group 1"项，在弹出的快捷菜单中选择"Add Files to Group 'Source Group 1'…"选项，将源代码文件添加到项目中来。在接下来的对话框中选择刚才保存的文件，并单击"Add"按钮即可将文件添加到项目中，完成后单击"Close"按钮关闭对话框。

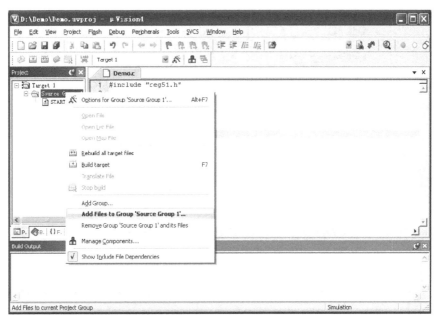

图 1-19　添加源程序文件至工程项目

　　此时可以看到在项目中已经多了刚才添加的代码文件，如图 1-20 所示。

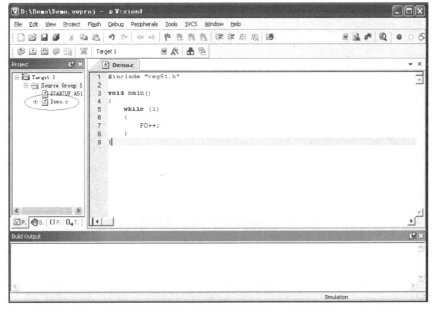

图 1-20　添加源程序文件后的工程项目

按下快捷键<Alt＋F7>或者单击"Project"→"Options for Target 'Target1'…"命令，如图 1-21 所示。

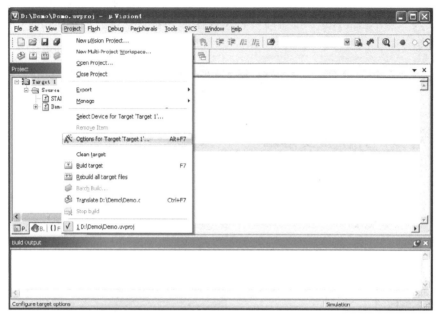

图 1-21　工程项目的选项设置

在图 1-22 所示的对话框中对项目进行配置，在"Output"选项卡中，勾选"Create HEX File"选项，即可在项目编译完成后自动生成 HEX 格式的目标文件，单击"OK"按钮保存。

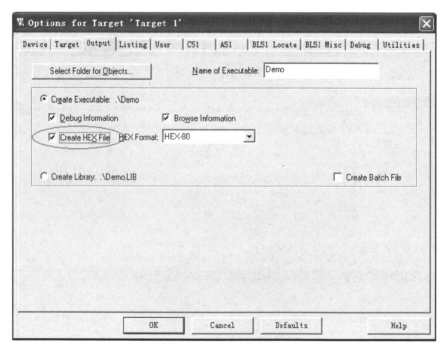

图 1-22　"Output"选项卡的设置

按下快捷键<F7>或者单击"Project"→"Build Target"命令对当前项目进行编译。若代码中没有错误，编译完成后则会在"Build Output"的信息输出框中显示"0 Error（s），0 Warning（s）"，同时也会生成 HEX 格式的执行文件，到此创建项目完成。

可以通过以下两种方式验证编译成功的程序功能是否正确。

1）在 STC-ISP 下载软件中将生成的 hex 文件下载至单片机中，直接验证效果。

2）将 IAP15W4K58S4 设置为仿真芯片，在监控程序的监控下在线仿真调试。这个功能非常实用，它使得单片机开发者可以不必购买昂贵的仿真器就能达到仿真调试的目的，下面介绍具体的操作过程。

首先打开 STC-ISP 下载软件，然后在软件右边功能区的"Keil 仿真设置"选项卡中单击"将 IAP15W4K58S4 设置为仿真芯片（宽压系统，支持 USB 下载）"按钮，会弹出图 1-23 所示的界面。

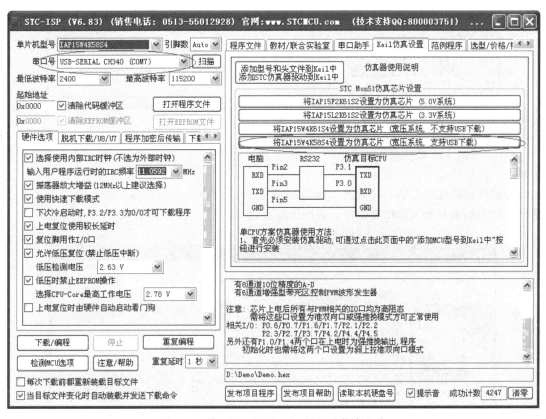

图 1-23 将 IAP15W4K58S4 设置为仿真芯片

然后回到 Keil4 编译环境，按下快捷键<Alt＋F7>或者单击"Project"→"Options for Target 'Target1'…"命令，在弹出的"Option for Target 'Target1'"对话框中对项目进行配置，设置详细步骤如图 1-24 所示。

第 1 步：进入到项目的设置界面，选择"Debug"选项卡；第 2 步：选择右侧的硬件仿真"Use"单选按钮；第 3 步：在仿真驱动下拉列表中选择"STC Monitor-51 Driver"选项；第 4 步：单击"Settings"按钮，进入串口的设置界面；第 5 步：对串口的端口号和波特率进行设置，串口号要选择实验板所对应的串口，波特率一般选择"115200"或者

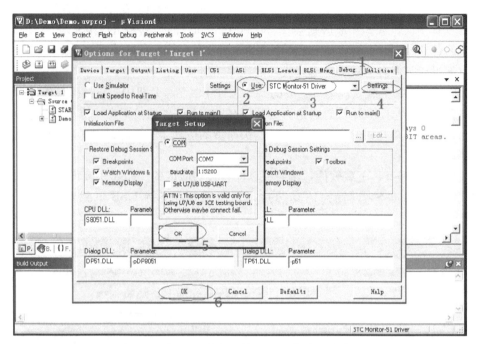

图 1-24 在 Keil4 中设置使用 STC 仿真驱动步骤

"57600"。完成了上述所有的工作后，即可在 Keil 软件中按＜Ctrl＋F5＞组合键开始仿真调试。

若硬件连接无误的话，将会进入到图 1-25 所示的调试界面。在命令输出窗口显示当前的仿真驱动版本号和当前仿真监控代码固件的版本号。

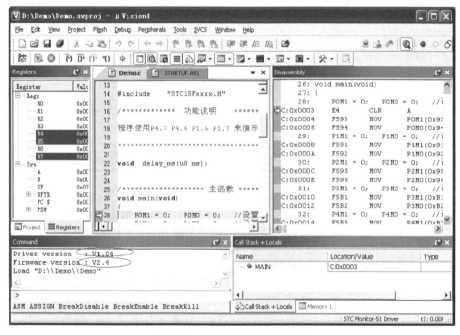

图 1-25 STC 仿真驱动版本号

在仿真调试过程中，可执行复位、全速运行、单步运行、设置断点等多种操作，如图 1-26 所示。在程序中可设置多个断点，断点设置的个数目前最大允许为 20 个（理论上可设置任意个，但是断点设置得过多会影响调试的速度）。

图 1-26 STC 仿真环境

1.2.5 开发板硬件资源

本书开发例程以 IAP15W4K58S4 单片机开发板为平台，采用 Keil C51 编写调试。开发板主要包括 IAP15W4K58S4 单片机核心系统、8 个 LED 灯、由 74LS595 实现扩展的数码管显示电路、液晶显示电路接口、独立按键、ADC 按键、串口通信/ISP 下载器、继电器模块、红外接收电路、蜂鸣器电路、数字温度传感器 LM75、DS1302 时钟日历芯片、电源指示等板上资源。开发板实物图如图 1-27 所示，开发板原理图如图 1-28 所示⊖。

1.2.6 Keil C 和 ANSI C 的差异

下面将介绍 Keil C 的主要特点和它与 ANSI C 的不同之处，并给出一些对 8051 使用 C 编程的启发。Keil 编译器除了少数一些关键地方外，基本类似于 ANSI C，它们的差异主要是 Keil 可以让用户针对 8051 的结构进行程序设计，其他差异主要是 8051 的一些局限性引起的。

⊖ 为了与实物对照，本书原理图和实物图中元器件的符号不再按照国家标准予以修改，以便于阅读和参考。

图 1-27 开发平台实物图

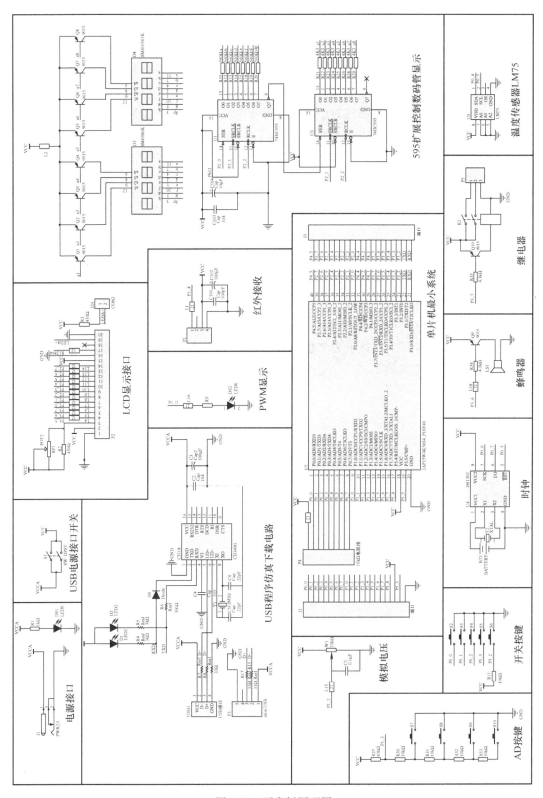

图 1-28　开发板原理图

一、数据类型

Keil C 有 ANSI C 的所有标准数据类型。除此之外，为了更加有效地利用 8051 的结构，还加入了一些特殊的数据类型。表 1-12 给出了标准数据类型在 8051 中占据的字节数。除了这些标准数据类型外，编译器还支持一种位数据类型。一个位变量存在于内部 RAM 的可位寻址区中，可像操作其他变量那样对位变量进行操作，而位数组和位指针是违法的。

表 1-12　标准数据类型在 8051 中占据的字节数

数据类型	大小/bit	数据类型	大小/bit
char/unsigned char	8	float/double	32
int/unsigned char	16	generic pointer	24
long/unsigned long	32		

二、特殊功能寄存器

特殊功能寄存器用 sfr 来定义，而 sfr16 用来定义 16 位的特殊功能寄存器，如 DPTR。通过名字或地址来引用特殊功能寄存器，地址必须高于 80H。可位寻址的特殊功能寄存器的位变量定义用关键字 sbit。对于大多数 8051 成员，Keil 提供了一个包含了所有特殊功能寄存器和它们的位的定义的头文件 reg51.h，通过包含头文件可以很容易地进行新的扩展。SFR 的定义如下所示。

```
//SFR SCON 定义
sfr SCON＝0X98；        //定义 SCON
sbit SM0＝0X9F；        //定义 SCON 的各位
sbit SM1＝0X9E；
sbit SM2＝0X9D；
sbit REN＝0X9C；
sbit TB8＝0X9B；
```

三、存储类型

当使用存储类型 data、bdata 定义常量和变量时，C51 编译器会将它们定位在片内数据存储区中（片内 RAM），这个存储区根据 8051 单片机 CPU 的型号不同，其长度分别为 64B、128B、256B。C51 存储类型与 8051 存储空间的对应关系如表 1-13 所示。

表 1-13　C51 存储类型与 8051 存储空间的对应关系

存储类型	与存储空间的对应关系
data	直接寻址片内数据存储区，访问速度快（128B）
bdata	可位寻址片内数据存储区，允许位与字节混合访问（16B）
idata	间接寻址片内数据存储区，可访问片内全部 RAM 地址空间（256B）
pdata	分页寻址片外数据存储区（256B），由 MOVX@R0 访问
xdata	片外数据存储区（64KB），由 MOVX@DPTR 访问
code	代码存储区（64KB），由 MOVC@DPTR 访问

访问片内数据存储区（data、bdata、idata）比访问片外数据存储区（xdata、pdata）相对要快一些，因此可将经常使用的变量置于片内数据存储器中，而将规模较大的或不常使用的数据置于片外数据存储器中。

C51 存储类型及其大小和值域如表 1-14 所示。

表 1-14 C51 存储类型及其大小和值域

存储类型	长度/bit	长度/B	值域范围	
data	8	1	0～255	8bit
idata	8	1	0～255	8bit
pdata	8	1	0～255	8bit
code	16	2	0～65535	16bit
xdata	16	2	0～65535	16bit

变量的存储类型定义举例：

char data varl ;   / * iteml * /

bit bdata flags;   / * item2 * /

float idata x，y，z;   / * item3 * /

unsigned int pdata dimension;   / * item4 * /

unsigned char xdata vector［10］［4］［4］;   / * item5 * /

iteml：字符变量 char varl 被定义为 data 存储类型，C51 编译器将把该变量定位在 8051 片内数据存储区中（地址：00H～FFH）。

item2：位变量 flags 被定义为 bdata 存储类型，C51 编译器将把该变量定位在 8051 片内数据存储区（RAM）中的位寻址区（地址：20H～2FH）。

item3：浮点变量 x、y、z 被定义为 idata 存储类型，C51 编译器将把该变量定位在 8051 片内数据存储区中，并只能用间接寻址的方法进行访问。

item4：无符号整型变量 dimension 被定义为 pdata 存储类型，C51 将把该变量定位在片外数据存储区（片外 RAM）中，并用操作码 MOVX@Ri 访问。

item5：无符号字符三维数组变量 unsigned char xdata vector［10］［4］［4］被定义为 xdata 存储类型，C51 编译器将其定位在片外数据存储区（片外 RAM）中，并占据 10×4×4＝160 个字节存储空间，用于存放该数组变量。

存储模式：决定了变量的默认存储类型、参数传递区和无明确存储类型的说明。

在固定的存储器地址上进行变量的传递，是 C51 的标准特征之一。在 SMALL 模式下，参数传递是在片内数据存储区中完成的。LARGE 和 COMPACT 模式允许参数在外部存储器中传递。C51 同时也支持混合模式，例如，在 LARGE 模式下，生成的程序可将一些函数放入 SMALL 模式中，从而加快执行速度。

Keil C51 存储模式说明如下：

1）SMALL：参数及局部变量放入可直接寻址的片内存储器（最大 128B，默认存储类型是 data），因此访问十分方便。另外，所有对象包括堆栈都必须嵌入片内 RAM。栈长很关键，因为实际栈长依赖于不同函数的嵌套层数。

2）COMPACT：参数及局部变量放入分页片外存储区（最大 256B，默认的存储类型是 pdata），通过寄存器（@R0、@R1）间接寻址，栈空间位于 8051 系统内部数据存储区中。

3）LARGE：参数及局部变量直接放入片外数据存储区（最大 64KB，默认存储类型为 xdata）中，使用数据指针 DPTR 来进行寻址。用此数据指针进行访问效率较低，尤其是对两个或多个字节的变量，这种数据类型访问速度较慢。

C51 甚至允许在变量类型定义之前指定存储类型，因此定义 data char x 与定义 char data x 是等价的，但应尽量使用后一种方法。

四、使用 Keil C51 时应做的和应该避免的

Keil 编译器能从用户编写好的 C 程序源代码中产生高度优化的代码，但好的编程习惯可以帮助编译器产生更好的代码。下面将讨论这方面的一些问题。

（1）采用短变量

一个提高代码效率的最基本的方式就是减小变量的长度。使用 C 编程时，应该仔细考虑声明的变量值可能的范围，然后选择合适的变量类型。很明显，经常使用的变量应该是 unsigned char，只占用一个字节。

（2）使用无符号类型

8051 不支持符号运算，程序中也不要使用含有带符号变量的外部代码。除了根据变量长度来选择变量类型外，还要考虑变量是否会用于负数的场合，如果程序中可以不需要负数，那么应把变量定义成无符号类型。

（3）避免使用浮点指针

在 8 位操作系统上使用 32 位浮点数是得不偿失的，这样做会浪费大量的时间。可以通过提高数值数量级和使用整型运算的方法来消除浮点指针。处理 int 和 long 比处理 double 和 float 要方便得多，代码执行起来会更快，也不用连接处理浮点指针的模块。

（4）使用位变量

对于某些标志位，应使用位变量而不是 unsigned char。这样做可以节省内存，不用多浪费 7 位存储区，而且位变量在 RAM 中，访问它们只需要一个处理周期。

（5）用局部变量代替全局变量

把变量定义成局部变量比全局变量更有效率。编译器为局部变量在内部存储区中分配存储空间，而为全局变量在外部存储区中分配存储空间，单片机访问外部存储区会降低访问速度。另一个避免使用全局变量的原因是在中断系统和多任务系统的单片机程序中，不止一个过程会使用全局变量，设计者必须花较多精力和时间调节使用全局变量。

（6）变量分配内部存储区

局部变量和全局变量可被定义在设计者想要的存储区中。把经常使用的变量放在内部 RAM 中时，可使程序的执行速度得到提高，还缩短了代码，因为外部存储区寻址的指令相对要麻烦一些。考虑到存储速度，按下面的顺序使用存储器 data、idata、pdata、xdata，当然设计者要记得留出足够的堆栈空间。

（7）使用特定指针

当在程序中使用指针时，应指定指针的类型，确定它们指向哪个区域，如 xdata 或 code 区，这样代码会更加紧凑。编译器不必去确定指针所指向的存储区，因为程序中已经进行了说明。

（8）使用宏定义替代函数

对于小段代码，像使能某些电路或从锁存器中读取数据，可通过使用宏来替代函数，使得程序有更好的可读性。把代码定义在宏中，看上去更像函数。编译器在碰到宏时，按照事先定义的代码去替代宏，宏的名字应能够描述宏的操作。当需要改变宏时，只要修改宏定义处。例如：

#define led _ on（）{ \
　　led _ state＝LED _ ON；\
　　XBYTE［LED _ CNTRL］＝0x01;}
#define led _ off（）{ \
　　led _ state＝LED _ OFF；\
　　XBYTE［LED _ CNTRL］＝0x00;}
#define checkvalue（val）\
（（val<MINVAL‖val>MAXVAL）? 0：1）

宏能够使得访问多层结构和数组更加容易，可以用宏来替代程序中经常使用的复杂语句以减少打字的工作量，且有更好的可读性和可维护性。

总之，使用C来开发单片机系统将更加方便快捷，既不会降低对硬件的控制能力，也不会使代码长度增加多少。如果运用得好的话，设计者能够开发出非常高效的系统，并且非常利于维护。

1.3 项目实施

1.3.1 任务一：点亮一个发光二极管

一．任务目标

控制一盏LED小灯，使得单片机接上电源后，小灯开始闪烁。

二、硬件原理电路

任务一硬件连线图如图1-29所示。

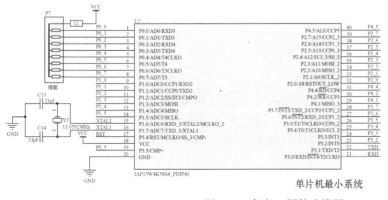

图1-29 任务一硬件连线图

三、软件流程

任务一软件流程图如图 1-30 所示。

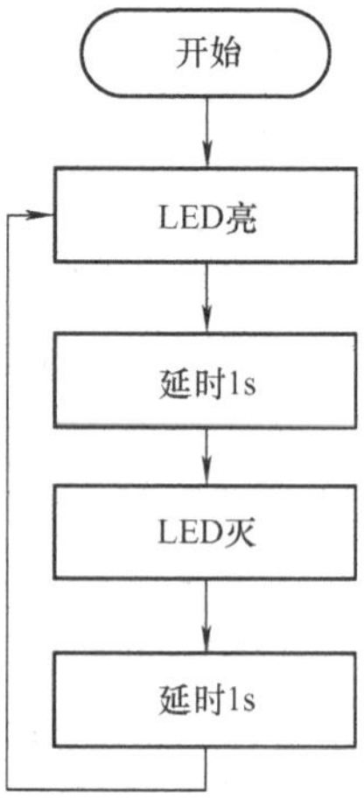

四、参考代码

本书所有参考程序均按照 STC12C5A60S2 单片机为平台所编写并调试成功，现在目标板采用 IAP15W4K58S4，考虑程序的稳定性，可以在参考程序基础上稍作调整，主要调整以下两处：

1. 将 ♯include＜reg51.h＞改 为

♯define MAIN _ Fosc 12000000L　　//定义主时钟

♯include "STC15Fxxxx.H"

2. main（）初始化时加上端口初始化程序：

P0M1 ＝ 0；P0M0 ＝ 0；　　//设置为准双向口
P1M1 ＝ 0；P1M0 ＝ 0；　　//设置为准双向口
P2M1 ＝ 0；P2M0 ＝ 0；　　//设置为准双向口
P3M1 ＝ 0；P3M0 ＝ 0；　　//设置为准双向口
P4M1 ＝ 0；P4M0 ＝ 0；　　//设置为准双向口
P5M1 ＝ 0；P5M0 ＝ 0；　　//设置为准双向口
P6M1 ＝ 0；P6M0 ＝ 0；　　//设置为准双向口
P7M1 ＝ 0；P7M0 ＝ 0；　　//设置为准双向口

图 1-30　任务一
软件流程图

后面的参考程序按照同样的方式调整。本书作者已经将书中所用代码调试过，并已验证成功。

任务一参考代码如下：

```
♯include＜reg52.h＞
sbit LED0＝P2^0; // 用 sbit 关键字定义 LED 到 P2.0 端口
void Delay（unsigned int t）; //函数声明
/ * - - - - - - - - - - - - - - - - - - - - - - - -
                        主函数
- - - - - - - - - - - - - - - - - - - - - - - - - * /
void main（void）
{
    while（1）          //主循环
    {
    LED0＝0;           //将 P1.0 口赋值 0，对外输出低电平
    Delay（10000）;     //调用延时程序，更改延时数字可以更改延时长度
                      //用于改变闪烁频率
    LED0＝1;           //将 P1.0 口赋值 1，对外输出高电平
    Delay（10000）;
                      //主循环中添加其他需要一直工作的程序
```

```
    }
}
/*----------------------------
```
延时函数，含有输入参数 unsigned int t，无返回值

unsigned int 是定义无符号整型变量，其值的范围是 0～65535
```
----------------------------*/
void Delay (unsigned int t)
{
while (－－t);
}
```

1.3.2 任务二：流水灯控制

一、任务目标

用单片机控制 8 只并排的发光二极管（D1～D8），使各发光二极管从 D1 开始点亮并延时熄灭，然后再点亮下一个发光二极管，8 只发光二极管循环点亮后再从 D1 开始重复循环。这种显示方式下的发光二极管通俗地称为流水灯。

二、硬件原理电路

任务二硬件连线图如图 1-31 所示。

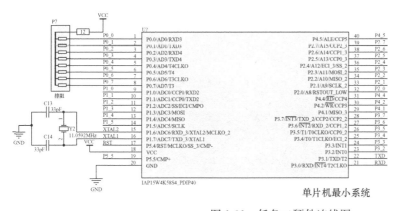
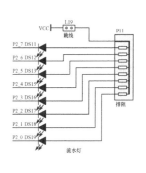

图 1-31 任务二硬件连线图

三、软件流程

任务二软件流程图如图 1-32 所示。

四、参考代码

任务二参考代码如下：

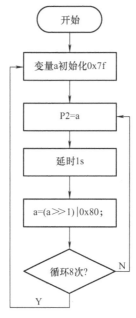

图 1-32　任务二软件流程图

```
#include <reg51.h>
unsigned char a,i;
void delay(void)
{unsigned int m,n;
for(m=0;m<500;m++)
    for(n=0;n<120;n++); }
main()
{   SP=0x60;
   while(1)
   { a=0x7f;
     for(i=0;i<8;i++)
       {   P2=a;
       delay();
         a=(a>>1)|0x80;
       }
   }
}
```

1.3.3　任务三：交通信号灯控制

一、任务目标

以单片机 P0 口作为输出口，控制 12 个 LED 灯（分别可发红、绿、黄光），模拟交通信号灯管理。12 只 LED 分成东西向和南北向两组，各组指示灯均有 2 只红色、2 只黄色与 2

只绿色 LED，程序运行时模拟了十字路口交通信号灯的切换过程与显示效果。

本例将交通信号灯切换时间设置得较短，这样可以在调试时较快观察到运行效果，读者可在调试运行本例后自行修改代码，使指示灯切换过程更接近于实际的交通信号灯切换过程。

二、硬件原理电路

任务三硬件连线图如图 1-33 所示。

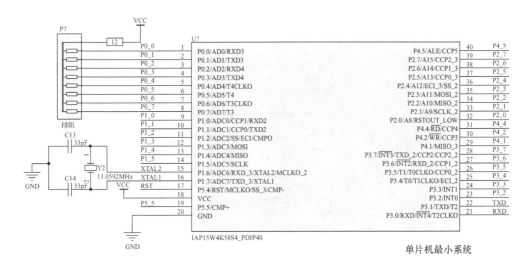

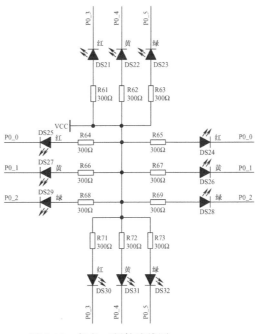

图 1-33　任务三硬件连线图

三、软件流程

任务三软件流程图如图 1-34 所示。

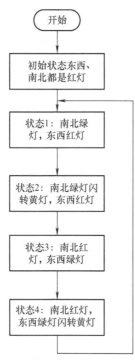

图 1-34 任务三软件流程图

四、参考代码

源程序代码如下：

```
//- - - - - - - - - - - - - - - - - - - - - - - - - - - - - - - - - - -
//   名称：LED 模拟交通信号灯
//- - - - - - - - - - - - - - - - - - - - - - - - - - - - - - - - - - -
//   说明：东西向绿灯亮若干秒后，黄灯闪烁，闪烁 5 次后亮红灯，
//        红灯亮后，南北向由红灯变为绿灯，若干秒后南北向黄灯闪烁，
//        闪烁 5 次亮红灯，东西向绿灯亮，如此重复
//- - - - - - - - - - - - - - - - - - - - - - - - - - - - - - - - - - -
#include <reg51. h>
#define uchar unsigned char
#define uint   unsigned int
sbit      RED _ A = P0^0；            //东西向指示灯
sbit   YELLOW _ A = P0^1；
sbit   GREEN _ A = P0^2；
sbit      RED _ B = P0^3；            //南北向指示灯
sbit   YELLOW _ B = P0^4；
sbit   GREEN _ B = P0^5；
uchar Flash _ Count = 0；            //闪烁次数
```

```
uchar Operation _ Type = 1;                    //操作类型变量
//- - - - - - - - - - - - - - - - - - - - - - - - - - - - - - - - - -
//  延时
//- - - - - - - - - - - - - - - - - - - - - - - - - - - - - - - - - -
Void DelayMS（uint x）
{
uchar t;
while（x——）
{
    for（t＝0；t＜120；t＋＋）;
}
}
//- - - - - - - - - - - - - - - - - - - - - - - - - - - - - - - - - -
//  交通信号灯切换子程序
//- - - - - - - - - - - - - - - - - - - - - - - - - - - - - - - - - -
void Traffic _ Light（）
{
switch（Operation _ Type）
{
  case 1：                                  //东西向绿灯与南北向红灯亮
      RED _ A = 1；YELLOW _ A = 1；    GREEN _ A = 0；
      RED _ B = 0；YELLOW _ B = 1；    GREEN _ B = 1；
      DelayMS（2000）;                     //延时，东西向绿灯亮若干秒后切换
      Operation _ Type = 2；               //下一操作
      break；
  case 2：                                  //东西向黄灯开始闪烁，绿灯关闭
      DelayMS（300）;                      //延时
      YELLOW _ A = ！YELLOW _ A；   GREEN _ A = 1；
                                            //闪烁5次
      if（＋＋Flash _ Count ！= 10）    return；
      Flash _ Count = 0；
      Operation _ Type = 3；               //下一操作
      break；
  case 3：                                  //东西向红灯与南北向绿灯亮
      RED _ A = 0；YELLOW _ A = 1；    GREEN _ A = 1；
      RED _ B = 1；YELLOW _ B = 1；    GREEN _ B = 0；
      DelayMS（2000）;                     //延时，南北向绿灯亮若干秒后切换
      Operation _ Type = 4；               //下一操作
      break；
```

```
case 4 ：                                //南北向黄灯开始闪烁，绿灯关闭
        DelayMS （300）；                  //延时
        YELLOW _ B ＝！ YELLOW _ B；  GREEN _ B ＝ 1；   //闪烁 5 次
        if （＋＋Flash _ Count ！＝ 10）      return；
        Flash _ Count ＝ 0；
        Operation _ Type ＝ 1；           //下一操作
        break；
    }
}
//- - - - - - - - - - - - - - - - - - - - - - - - - - - - - - - -
//  主程序
//- - - - - - - - - - - - - - - - - - - - - - - - - - - - - - - -
void main （）
{
uchar i；
while （1）
{
Traffic _ Light （）；
}
}
```

习   题

一、填空题

1. 单片机复位方式有_____ 和 _____ 。

2. IAP15W4K58S4 内部程序存储器（ROM）容量为_____ ，地址从_____ 开始，用于存放程序和表格常数。

3. IAP15W4K58S4 输入/输出口线有_____条，它们都是_____端口。

二、简答题

1. IAP15W4K58S4 单片机最小应用系统由哪几个部分组成？

2. IAP15W4K58S4 单片机复位电路有几种形式？

3. IAP15W4K58S4 单片机的主时钟有几种类型？

4. Keil C51 数据类型有哪些？

5. Keil C51 存储类型有哪些？

6. Keil C51 和 ANSI C 的差异主要有哪些？

三、编程题

1. 试编写程序实现流水灯功能。要求每次点亮 3 个发光二极管，从高位至低位轮流点亮，点亮时间自定，分别采用顺序结构、循环结构实现，并画出流程图。

2. 编程实现花样闪烁。要求：能够在个人的开发板上利用 8 个 LED 显示如下花样，循

环显示方式为：

3. 流水灯速度控制

要求首先实现 8 个小灯的循环显示即流水灯功能，然后利用延时函数控制小灯循环的速度，要求有三种明显变化的速度。循环显示方式为：

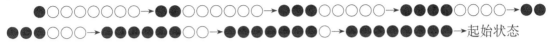

项目二　数码管显示数字

2.1　项目说明

项目二数码管显示数字包含两个子任务，任务一：单片机直接控制数码管显示；任务二：单片机扩展 I/O 口控制数码管显示。这些任务都是应用 IAP15W4K58S4 单片机实现数码管的显示控制。

该项目的学习目标和技能要求如下：

学习目标：

➤ 掌握数码管的结构。

➤ 掌握数码管段码和位码的概念。

➤ 掌握数码管的静态和动态显示方式。

➤ 掌握芯片 74LS595 的工作原理。

技能要求：

➤ 利用 IAP15W4K58S4 单片机制作一个简单的数码显示电路。

➤ 能够利用 74LS595 实现单片机 I/O 口的扩展。

➤ 能够对工作任务进行分析，找出相应的算法，绘制流程图。

➤ 能够根据流程图编写程序。

➤ 会使用相应软件对程序进行仿真和调试。

2.2　知识准备

2.2.1　数码管的结构

在单片机系统中，通常用 LED 显示器来显示各种数字或符号。由于它具有显示清晰、亮度高、使用电压低、寿命长的特点，因此使用非常广泛。

LED 显示器又称数码管，目前，常用的小型 LED 数码管多为"8"字形数码管，它内部由 8 个发光二极管组成，其中 7 个发光二极管（a~g）作为 7 段笔画组成"8"字结构（故也称 7 段 LED 数码管），剩下的 1 个发光二极管（h 或 dp）组成小数点，如图 2-1 所示。按能显示多少个"8"可分为 1 位、2 位、3 位、4 位等数码管，如图 2-2 所示。

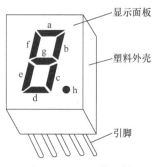

图 2-1　8 段码数码管

图 2-2 1位、2位、3位和4位数码管

由于 LED 数码管的笔段是由发光二极管组成的，所以其特性与发光二极管相同。LED 数码管的主要特点：能在低电压、小电流条件下驱动发光，并能与 CMOS、TTL 电路兼容；它不仅发光响应时间极短（<0.1μs）、高频特性好、单色性好、亮度高，而且体积小、重量轻、抗冲击性能好、使用寿命长（一般在 10 万 h 以上，最高可达 100 万 h）、成本低。

数码管有两种不同的连接形式：一种是发光二极管的阳极都连在一起的，称之为共阳极连接；另一种是发光二极管的阴极都连在一起的，称之为共阴极连接。

共阳极连接是指将所有发光二极管的阳极接到一起形成公共引脚 COM，而每个发光二极管对应的负极分别作为独立引脚，其引脚名称分别与图 2-1 中的发光二极管相对应，即 a、b、c、d、e、f、g 脚及 h 脚（小数点）。共阴极连接是指将所有发光二极管的阴极接到一起形成公共引脚 COM，而每个发光二极管对应的阳极分别作为独立引脚，其引脚名称分别与图 2-1 中的发光二极管相对应，即 a、b、c、d、e、f、g 脚及 h 脚（小数点）。共阳极和共阴极的连接方式如图 2-3 所示。

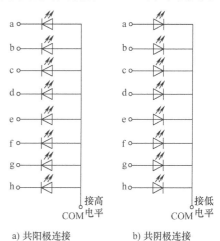

a) 共阳极连接　　b) 共阴极连接

图 2-3 共阳极和共阴极连接

共阳极数码管在应用时应将公共极 COM 接到 +5V，当某一字段发光二极管的阴极为低电平时，相应字段就点亮；当某一字段的阴极为高电平时，相应字段就不亮。例如共阳极数码管想要显示数字 "1"，则 h、g、f、e、d、c、b、a 对应的二进制信号为 11111001，这组二进制码称为数字 "1" 的段码。共阳极数码管数字 0～9 对应的段码如表 2-1 所示。

表 2-1　共阳极数码管 0～9 对应的段码

显示字符	h	g	f	e	d	c	b	a	十六进制
0	1	1	0	0	0	0	0	0	C0
1	1	1	1	1	1	0	0	1	F9
2	1	0	1	0	0	1	0	0	A4
3	1	0	1	1	0	0	0	0	B0
4	1	0	0	1	1	0	0	1	99
5	1	0	0	1	0	0	1	0	92
6	1	0	0	0	0	0	1	0	82
7	1	1	1	1	1	0	0	0	F8
8	1	0	0	0	0	0	0	0	80
9	1	0	0	1	0	0	0	0	90

共阴极数码管在应用时应将公共极 COM 接到地线 GND 上，当某一字段发光二极管的阳极为高电平时，相应字段就点亮；当某一字段的阳极为低电平时，相应字段就不亮。如共阴极数码管，想要显示数字"1"，则 h、g、f、e、d、c、b、a 对应的二进制信号为 00000110，这组二进制码称为数字"1"的段码。共阳极数码管数字 0～9 对应的段码如表 2-2 所示。

表 2-2　共阴极数码管 0～9 对应的段码

显示字符	h	g	f	e	d	c	b	a	十六进制
0	0	0	1	1	1	1	1	1	3F
1	0	0	0	0	0	1	1	0	06
2	0	1	0	1	1	0	1	1	5B
3	0	1	0	0	1	1	1	1	4F
4	0	1	1	0	0	1	1	0	66
5	0	1	1	0	1	1	0	1	6D
6	0	1	1	1	1	1	0	1	7D
7	0	0	0	0	0	1	1	1	07
8	0	1	1	1	1	1	1	1	7F
9	0	1	1	0	1	1	1	1	6F

2.2.2　数码管的显示方式

数码管要正常显示，除了要有正确的段码之外，还需要位码，位码用于在多位数码管中选择需显示的那一位。因此根据数码管的驱动方式的不同，可以分为静态显示和动态显示两类。

一、静态显示

静态显示也称直流驱动。静态显示是指每个数码管的每一个段码都由一个单片机的 I/O 端口进行驱动，或者使用如 BCD 码（二-十进制）译码器译码进行驱动。静态驱动的优点是编程简单，显示亮度高，缺点是占用 I/O 端口多，如驱动 5 个数码管静态显示则需要 5×8＝40 根 I/O 端口来驱动，要知道一个单片机可用的 I/O 端口是有限的，不可能把所有的 I/O 端口全部用于显示，因此实际应用时必须增加译码驱动器进行驱动，从而增加了硬件电路的复杂性。

二、动态显示驱动

数码管动态显示是单片机中应用最为广泛的一种显示方式之一，动态显示驱动是将所有数码管的 8 个显示笔画 a、b、c、d、e、f、g、h 的同名端连在一起，另外为每个数码管的公共极 COM 增加位选通控制电路，位选通由各自独立的 I/O 线控制。当单片机输出字形码时，所有数码管都接收到相同的字形码，但究竟是哪个数码管会显示出字形，取决于单片机对位选通 COM 端电路的控制，即取决于位码，所以只要将需要显示的数码管的选通控制打开，该位就会显示出字形，没有选通的数码管就不会亮。通过分时轮流控制各个数码管的COM端，就能使各个数码管轮流受控显示，这就是动态显示。在轮流显示过程中，每位数码管的点亮时间为1～2ms，由于人的视觉暂留现象及发光二极管的余辉效应，尽管实际上各位数码管并非同时点亮，但只要扫描的速度足够快，给人的印象就是一组稳定的显示数据，不会有闪烁感。动态显示的效果和静态显示是一样的，但是能够节省大量的I/O端口，而且功耗更低。

2.2.3　串入并出扩展芯片74LS595

74LS595芯片具有一个8位串行输入并行输出移位寄存器和一个存储器，输出端口为可控的三态输出。移位寄存器和存储器采用不同的时钟。数据在SHCP的上升沿输入，在STCP的上升沿进入存储器中去。如果两个时钟连在一起，则移位寄存器总是比存储器早一个脉冲。移位寄存器有一个串行移位输入（DS）、一个串行输出（Q7′）和一个异步的低电平复位。存储器有一个并行8位的、具备三态的总线输出，当使能$\overline{\text{OE}}$为低电平时，存储器的数据输出到总线。74LS595芯片的引脚如图2-4所示。

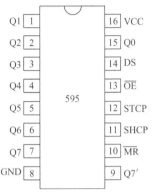

图2-4　74LS595芯片的引脚

74LS595芯片各个引脚的功能如下：

DS：串行数据输入端；

Q0～Q7：8位并行输出端，可以直接控制数码管的8个段，也是8位存储器的数据输出口；

SHCP：移位寄存器的时钟脉冲输入口，上升沿有效，即来一个上升沿，移位寄存器的数据左移一位；

STCP：存储器的时钟脉冲输入口，上升沿有效，即出现上升沿时，将移位寄存器的8位数据送入存储器，并通过输出锁存器，从Q0～Q7脚输出；

Q7′：级联输出端，一般接SPI总线的MISO接口；

$\overline{\text{MR}}$：低电平时将移位寄存器的数据清零，通常将它接VCC；

$\overline{\text{OE}}$：输出使能端，高电平时禁止输出（高阻态）。

简单来说，74LS595的主要功能是将8位串行输入的数据并行输出，也就是串行转并行。

74LS595的主要优点是具有数据存储器，在移位的过程中，输出端的数据可以保持不变。这在串行速度慢的场合很有用处，例如可以使数码管没有闪烁感。

2.3　项目实施

2.3.1　任务一：单片机直接控制数码管显示

一、任务目标

根据动态显示驱动原理，利用单片机的P0和P2口，控制2个4位数码管模块组成8个共阳极数码管，其中 P0 口控制段码，P2 口控制位码，使得单片机接上电源后，8 个数码管显示学号，例如 09171115。

二、硬件原理电路

任务一硬件连线图如图 2-5 所示。图中 SM410561K 是 4 位共阳极的数码管，由于单片机的驱动能力不够，因而增加了 8 个晶体管来增强驱动能力。单片机的 P0 口输出 8 位段码，P2 口的输出作为位码。从图 2-5 可以看出，当 P2.7 输出为 0 时，即 a1 为 0，选中第一个数码管，依次类推。

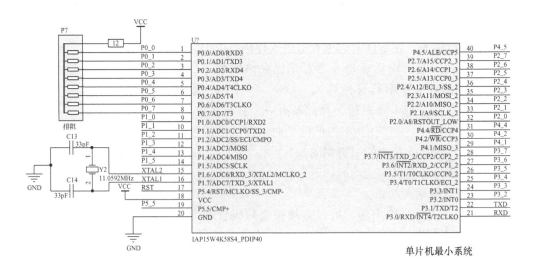

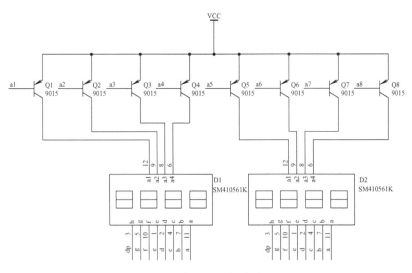

图 2-5　任务一硬件连线图

三、软件流程

任务一软件流程图如图 2-6 所示。

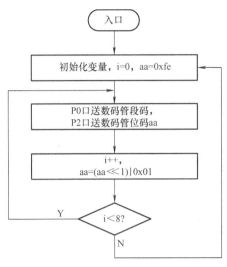

图 2-6　任务一软件流程图

四、参考代码

任务一参考代码如下：

```
#include <reg52.h>              //定义头文件
#define uint unsigned int       //定义无符号整数变量类型
#define uchar unsigned char     //定义无符号字符变量类型
uchar code LED[ ]={0xc0,0xf9,0xa4,0xb0,0x99,0x92,0x82,0xf8,0xc0,0x90};
                                //共阳极段码表说明
uchar aa,bb[]={0,9,1,7,1,1,1,5}; //数组里是8个数码管需显示的数
uint i,k,j;                     //说明整数变量
//-----延时子程序-----
void   delay(int n)             //延时函数
{  for(k=0;k<n;k++)
   {      for(j=0;j<125;j++);   }}
main()
{
    while(1)                    //死循环
    {
    aa=0xfe;                    //设置位码初值
    for(i=0;i<8;i++)
    { P2=aa;
    P0=LED[bb[i]];              //送段码
    aa=(aa<<1)|0x01;
    delay(1);
    }
```

```
    }
  }
```

2.3.2 任务二：单片机扩展 I/O 口控制数码管显示

一、任务目标

单片机的 I/O 口是有限的，利用 74LS595 扩展 I/O 口，控制 2 个 4 位数码管模块组成 8 个共阳极数码管，使得单片机接上电源后，8 个数码管显示学号，例如 08136101。

二、硬件原理电路

任务二硬件连线图如图 2-7 所示，单片机核心部分未画出。

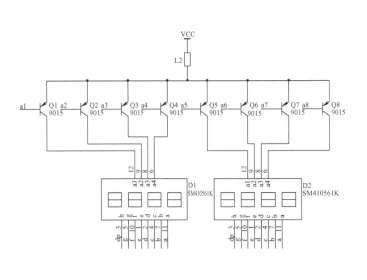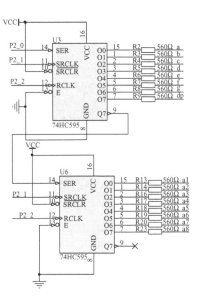

595扩展控制数码管显示

图 2-7 任务二硬件连线图

三、软件流程

任务二软件流程图如图 2-8 示。

四、参考代码

任务二参考代码如下：

```c
#include <reg51.h>
#define uint unsigned int
#define uchar unsigned char
sbit ser=P2^0;      //LED 显示 595 数据输入
sbit srclk=P2^1;    //
sbit rclk=P2^2;     //
```

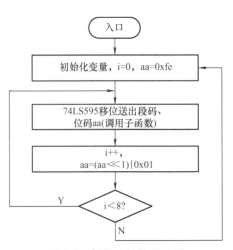

图 2-8 任务二软件流程图

```
uchar idata　LED[ ]＝{0xc0,0xf9,0xa4,0xb0,0x99,0x92,0x82,0xf8,0x80,0x90};
//共阳极段码表说明
uchar idata aa＝0x7f,xh[]＝{0,8,1,3,6,1,0,1};// 8 个数码管显示的数组
void　delay(uint m)　　　　　//延时函数
{
    uint k,j;
    for(k=0;k<m;k++)
    {     for(j=0;j<125;j++);   }
}
//595 串并转换输出数码管的位码和段码
void outbyte(uchar weima,uchar duan)
{uchar i;
for(i=0;i<8;i++)
{if(weima&0x80) ser=1;
else ser=0;
weima=(weima<<1);
srclk=0;
srclk=1;
}
for(i=0;i<8;i++)
{if(duan&0x80) ser=1;
else ser=0;
duan=(duan<<1);
srclk=0;srclk=1;}
rclk=0;
rclk=1;
}
//调用 595 推送位码、段码完成动态显示学号
void display()
{
uchar i;
uchar aa;
aa=0x7f;
for(i=0;i<8;i++)
{outbyte(aa,LED[xh[i]]);
delay(1);
aa=(aa>>1)|0x80;
}}
main()
```

```
{
        while(1)
        {
         display();
        }}
```

习　　题

一、填空题

1. 若八段共阳数码管的 H 段信号由数据位 D7 提供，A 段信号由数据位 D0 提供，则"n"的显示码为_____。

2. LED 为共阳极接法（即负逻辑控制），则提示符 P 的 7 段代码值应当为_____H。

二、简答题

1. 简述数码管动态显示的原理。

2. 数码管的结构形式有几种？画出 1 位共阳极数码管的电路结构。

三、编程题

1. 使用一个数码管轮流显示 0~9 个数字。

2. 要求使用数码管显示当天日期，如 20100601。

3. 要求：能够在个人的开发板上利用 8 个数码管显示如下花样：XXX11XXX→XX2222XX→X333333X→44444444→X555555X→XX6666XX→X777777X→88888888，每个状态各显示 1s，显示反复循环，其中 X 表示对应的数码管熄灭。

项目三　键盘控制输入

3.1　项目说明

项目三键盘控制输入包含两个任务，任务一：按键控制数码管显示，该任务要求利用按键控制单片机，再由单片机控制数码管的显示；任务二：一键控制流水 LED 速度，该任务要求实现一键多义功能，根据按键按下次数不同，实现不同的流水 LED 速度。

该项目的学习目标和技能要求如下：

学习目标：

➢ 掌握键盘的分类与结构。

➢ 掌握独立式键盘和矩阵式键盘的应用场合。

➢ 掌握单片机独立式键盘接口技术。

➢ 掌握单片机矩阵式键盘接口技术。

➢ 掌握按键的识别方法。

➢ 掌握按键的扫描方法。

➢ 掌握一键多义的实现方法。

技能要求：

➢ 利用 IAP15W4K58S4 单片机制作一个简单的按键控制数码管显示的电路。

➢ 能够完成矩阵式键盘的识别与扫描。

➢ 能够完成一键多义的编程方法。

➢ 能够对工作任务进行分析，找出相应的算法，绘制流程图。

3.2　知识准备

3.2.1　键盘概述

一、键盘的分类

键盘是一种最常用的输入设备，它是一组按键的集合，从功能上可分为数字键和功能键两种，作用是输入数据与命令，查询和控制系统的工作状态，实现简单的人机对话。

键盘按照接口原理可分为编码键盘和非编码键盘两类。这两类键盘的主要区别是识别键符及给出相应键码的方法不同，编码键盘主要是用硬件来实现对键的识别，非编码键盘主要是用软件来实现键盘的定义和识别。

键盘按照其结构可分为独立式键盘和矩阵式键盘两类。独立式键盘主要用于按键较少的场合，矩阵式键盘主要用于按键较多的场合，也称为行列式键盘。

二、单片机键盘的结构

单片机的键盘通常是由多个按键组成的，按键通常有两类：触点式开关按键，如机械式开关、导电橡胶式开关等；无触点式开关按键，如电气式按键、磁感应按键等。前者造价低，后者寿命长。单片机应用系统中最常见的是机械触点式开关按键。

三、机械触点式开关按键

机械触点式开关按键的功能是把开关按键机械上的通断关系转换成为电气上的逻辑关系。也就是说，它能提供标准的 TTL 逻辑电平，以便与通用数字系统的逻辑电平相兼容。

1. 开关按键去抖动问题

机械触点式开关按键在按下或释放时，由于机械弹性作用的影响，通常伴随有一定时间的触点机械抖动，然后其触点才稳定下来。其抖动过程如图 3-1 所示，抖动时间的长短与开关的机械特性有关，一般为 5~10ms。

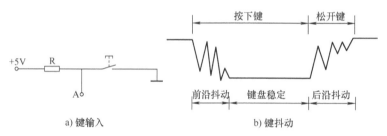

图 3-1 键操作和键抖动

在触点抖动期间检测按键的通与断状态，可能导致判断出错，即按键一次按下或释放被错误地认为是多次操作，这种情况是不允许出现的。为了克服按键触点机械抖动所致的检测误判，必须采取去抖动措施。这一点可从硬件、软件两方面予以考虑。在键数较少时，可采用硬件去抖，而当键数较多时，应采用软件去抖。

在硬件上，可采用在键输出端加 R-S 触发器（双稳态触发器）或单稳态触发器构成去抖动电路。图 3-2 是一种由 R-S 触发器构成的去抖动电路，当触发器一旦翻转，触点抖动不会对其产生任何影响。

软件上采取的措施是：在检测到有按键按下时，执行一个 10ms 左右（具体时间应视所使用的按键进行调整）的延时程序后，再确认该键电平是否仍保持闭合状态电平，若仍保持

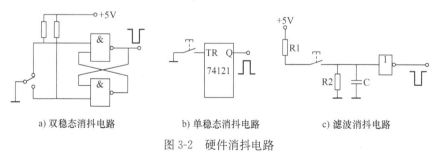

a) 双稳态消抖电路　　　　b) 单稳态消抖电路　　　　c) 滤波消抖电路

图 3-2 硬件消抖电路

闭合状态电平，则确认该键处于闭合状态。同理，在检测到该键释放后，也应采用相同的步骤进行确认，从而可消除抖动的影响。

2. 编制键盘程序

一个完善的键盘控制程序应具备以下功能：

1）检测有无按键按下，并采取硬件或软件措施，消除键盘按键机械触点抖动的影响。

2）有可靠的逻辑处理办法。每次只处理一个按键，其间对任何按键的操作对系统不产生影响，且无论一次按键时间有多长，系统仅执行一次按键功能程序。

3）准确输出按键值（或键号），以满足跳转指令要求。

3.2.2 独立式键盘

单片机控制系统中，往往只需要几个功能键，此时，可采用独立式按键键盘。独立式键盘的按键相互独立，如图 3-3 所示，每个按键接一根 I/O 口线，一根 I/O 口线上的按键工作状态不会影响其他 I/O 口线的工作状态。因此，通过检测 I/O 口线的电平状态，即可判断键盘上哪个键被按下。

独立式按键电路配置灵活，软件结构简单，但每个按键必须占用一根 I/O 口线，因此，在按键较多时，I/O 口线浪费较大，不宜采用。

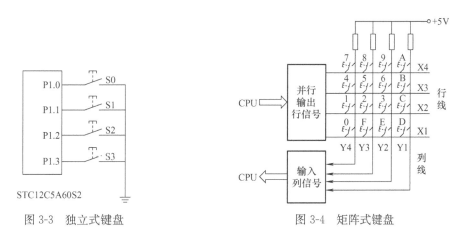

图 3-3 独立式键盘   图 3-4 矩阵式键盘

3.2.3 矩阵式键盘

当按键数目比较多的时候，按键按行列组成矩阵。图 3-4 是由 4 根行线和 4 根列线组成的 16 个按键的键盘。与独立式键盘相比，16 个按键只占用了 8 个 I/O 口线，因此适用于按键较多的场合。

下面以图 3-4 所示的 4 行×4 列键盘为例，阐述矩阵式键盘的工作原理。16 个键分成两部分：10 个数字键 0～9、6 个功能键 A～F。

一、按键识别方法

按键识别方法有两种：逐行扫描法和行列反转法。

1. 逐行扫描法

单片机每次向某一行 X_i（$i＝1～4$）输出扫描信号，即使其为 0，然后通过读取列线 Y_j

（$j=1\sim4$）的状态来确定键闭合的位置，列线 Y_j 接+5V。无键按下时，行线 X_i 和列线 Y_j 断开，列线 $Y_1\sim Y_4$ 呈现高电平。当某一按键闭合时，该键所在行、列线短接。若该行线输出为 0，则该列线的电平被拉成 0（其余 3 根列线电平仍为 1），则单片机可据此判断出闭合按键所在的行、列及键值。

若扫描从第一行有效开始，则 CPU 输出 $X_4X_3X_2X_1=1110$，以下类推，第二行为 $X_4X_3X_2X_1=1101$，第三行为 $X_4X_3X_2X_1=1011$，第四行为 $X_4X_3X_2X_1=0111$。设 4 号键闭合，代表 4 号键闭合的特征信号为：

列信号 $Y_4Y_3Y_2Y_1=0111$，第四列有效。

行信号 $X_4X_3X_2X_1=1011$，第三行有效。

为了便于单片机处理，将行、列信号拼装成一个字节，然后求反得到 4 号键对应的"特征字"或键值，即

$$
\begin{array}{cccccccc}
Y_4 & Y_3 & Y_2 & Y_1 & X_4 & X_3 & X_2 & X_1 \\
0 & 1 & 1 & 1 & 1 & 0 & 1 & 1
\end{array}
\qquad \text{取反得 } 10000100=84\text{H}
$$

2. 行列反转法

单片机操作时，先输出行有效信号，再输出列有效信号，经过组合、求反得到特征字。

例如，设图 3-4 所示键盘中按键 2 被按下。

单片机输出行扫描信号 $X_4X_3X_2X_1=0000$，由于按键 2 被按下，所以单片机读入列的状态为 $Y_4Y_3Y_2Y_1=1011$，可以判断出是 Y_3 这列上有按键按下。

单片机再输出列有效信号 $Y_4Y_3Y_2Y_1=0000$，同时输出 $X_4X_3X_2X_1=1111$，则由于按键 2 被按下，所以单片机读入行的状态 $X_4X_3X_2X_1=1101$，可以判断出是 X_2 这行有键被按下。

根据以上两次扫描可以得知，X_2 行 Y_3 列的按键被按下，也就是按键 2 被按下，从而正确地识别出了被按下的按键。

由于这种对应是唯一的，所以可以用来识别键盘上所有的键。根据上述关系可求出其他键的特征字，如表 3-1 所示。

表 3-1　按键的特征字

键盘上的字符	0	1	2	3	4	5	6	7
特征字	81H	82H	42H	22H	84H	44H	24H	88H
键盘上的字符	8	9	A	B	C	D	E	F
特征字	48H	28H	18H	14H	12H	11H	21H	41H

单片机在得到特征字后，用一个软件计数器通过查询特征字表，很容易判断闭合按键的号码。不同的接线方式，得到的特征字可能不同，但键号和特征字的对应关系是唯一的。

图 3-4 所示键盘若 X1X2X3X4 连接到 P1.0～P1.3，Y1Y2Y3Y4 连接到 P1.4～P1.7，则按键检测程序如下：

```
unsigned char keyscan()
{unsigned char temp1;
 P1=0xff;
 P1=0xf0;                        //低 4 位输出低电平，高 4 位输入
```

```
keyinput＝P1&0xf0;                    //读入高 4 位状态
if(keyinput! ＝0xf0)
    { delay_ms(10);
      keyinput＝P1&0xf0;
      P1＝0x0f;                       //高 4 位输出低电平,低 4 位输入
      delay_us(10);
      temp1＝P1&0x0f;                 //读入低 4 位状态
      keyinput|＝temp1;
    }
else
    { delay_ms(10);
      keyinput＝0xff;
    }
return(keyinput);
}
```

二、按键扫描方法

要及时捕获键盘的输入,单片机就要及时扫描按键的状态。通常采用循环扫描法、定时扫描法和中断扫描法。

1. 循环扫描法

循环扫描法就是单片机在循环程序中不断扫描键盘,只要循环时间不长,就可以保证及时捕捉到按键输入。循环扫描程序主要结构如下:

```
unsigned char keyrelease;
main()
{unsigned char keyin;
 unsigned char keyvalue;
 …
 keyrelease＝1;
 keyvalue＝0xff;
 while(1)
   {…
    keyin＝keyscan()
    if(keyin! ＝0xff)
       {if(keyrelease＝＝1)
            {keyrelease＝0;
             keyvalue＝keyin;
            }
       }
    else
```

```
        {keyrelease=1;
         keyprocess(keyvalue);
         keyvalue=0xff;
            }
   ...
        }
    }
```

2. 定时扫描法

定时扫描法就是单片机每隔一定时间（如 10ms）对键盘扫描一遍。当发现有键按下时，便进行读入键盘操作，以求出键值，并分别进行处理。定时时间间隔由单片机的内部定时器/计数器来完成，这样可以减少扫描键盘的时间，以减少单片机时间的开销。

这种扫描法的具体做法是：单片机执行定时程序，当定时时间一到，定时器便自动输出一个脉冲信号，使单片机转去执行扫描程序。有一点需要指出的是，采用定时扫描法时，必须在其初始化程序中，对定时器写入相应的命令，使之能定时产生中断，以便完成定时扫描。

3. 中断扫描法

定时扫描法会占用单片机的大量时间，因为无论有没有键入操作，CPU 都要在一定时间内对键盘进行扫描，这对于嵌入式系统来说是很不利的。为了进一步节省 CPU 的时间，可采用中断扫描法，即当键入操作发生时，向 CPU 申请中断。CPU 响应中断后，即转到相应的中断服务程序，对键盘进行扫描，以便判别键盘上闭合键的键值，并作相应处理。

图 3-5 所示为包含 16 个按键的中断扫描法硬件接线。在图 3-5 中，当没有键按下时，所有列线的电平均为 1，经 8 输入与非门及反相器，输出一高电平到单片机的INT0引脚，此时没有中断申请。

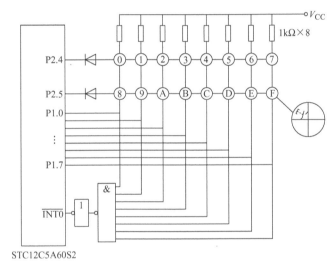

图 3-5　中断扫描法硬件接线

一旦某一个键按下后，则高电平经过按键加到该键所在行的二极管正端，使二极管导通，同时，该列线输出为低电平，从而使INT0有效，向单片机申请中断。单片机响应中断后，即转到中断扫描程序，通过对 P1 口的扫描判断闭合键所在的列，并通过对 P2.4、P2.5 口的扫描判断闭合键所在的行，查出对应的键值，并作相应处理。

中断扫描法中只有当有键按下时，才进行键盘扫描，若无键按下，CPU 会继续执行主程序或其他程序。这样，可以节省大量的空扫描时间，提高 CPU 的工作效率。

3.3　项目实施

3.3.1　任务一：按键控制数码管显示

一、任务目标

在开发板上使用 8 位数码管显示学号，自由选择 2 个独立式按键控制学号最后两位，其中一个键控制加 1 显示，另一个控制减 1 显示，学号后两位数值变化范围为 00～99。

二、硬件原理电路

任务一硬件接线图如图 3-6 所示。

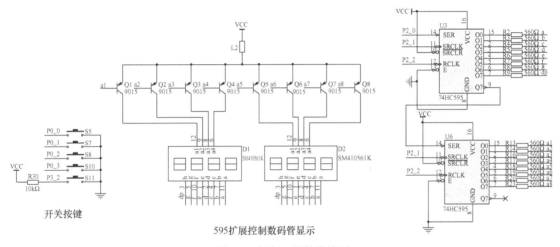

595扩展控制数码管显示

图 3-6　任务一硬件接线图

三、软件流程

任务一软件流程图如图 3-7 所示。

四、参考代码

任务一参考代码如下：

```
#include <reg51.h>
#define uchar unsigned char
#define uint unsigned int
sbit ser=P2^0;
sbit srclk1=P2^1;
sbit rclk1=P2^2;
uchar code LED[ ]={0xc0,0xf9,0xa4,0xb0,
0x99,0x92,0x82,0xf8,0x80,0x90,0xfe,0xbf};
uchar xh[8]={1,0,1,1,3,1,2,1};
```

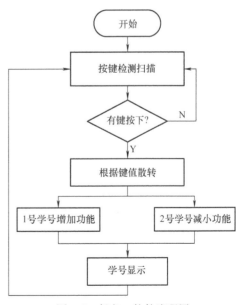

图 3-7　任务一软件流程图

```c
uchar xhnum;
uchar count;
void delay(uint ms)
{
uint i,j;
for(i=0;i<ms;i++)
    for(j=0;j<1250;j++);
}
void outbyte(uchar weima,uchar duan)
{uchar i;
 for(i=0;i<8;i++)
    {if(weima&0x80)ser=1;
    else ser=0;
    weima=(weima<<1);
    srclk1=0;
    srclk1=1;
    }
for(i=0;i<8;i++)
    {if(duan&0x80)ser=1;
    else ser=0;
    duan=(duan<<1);
    srclk1=0;
    srclk1=1;
    }
    rclk1=0;
    rclk1=1;
}
void display()
{uchar i;
uchar aa;
aa=0x7f;
for(i=0;i<8;i++)
{outbyte(aa,LED[xh[i]]);
delay(1);
aa=(aa>>1)|0x80;
}
}
uchar get_key()
{uchar temp;uchar p;
```

```
temp=P0&0x0f;
switch(temp) {
case 0x0e:p=1;break;
case 0x0d:p=2;break;
default:p=0;break;
}
return p;
}
main()
{
uchar key;
bit bk;
while(1)
{
if(get_key()! =0)                   //按键按下处理
{delay(20);
if(get_key()! =0)
{bk=1;
key=get_key();
switch(key)     {
case 1：if(xhnum<99)xhnum++;break;
case 2：if(xhnum>0)xhnum--;break;}while(get_key()! =0);}}
if((get_key()==0)&&bk==1)
{bk-0;}                              //按键释放
xh[1]=xhnum/10;                      //显示更新
xh[0]=xhnum%10;
display();
}}
```

3.3.2　任务二：一键控制流水 LED 速度

一、任务目标

利用一个按键实现不同速度的流水 LED 效果，根据按键次数的不同至少出现 3 种不同的流水灯速度（人眼可明显识别），LED 流水循环显示效果为：XXXXXXXF→XXXXXXFF→XXXXXFFF→XXXXFFFF→XXXFFFFF→XXFFFFFF→XFFFFFFF→FFFFFFFF（X 表示对应的数码管熄灭）。

二、硬件原理电路

任务二硬件接线图如图 3-8 所示，单片机部分未画出。

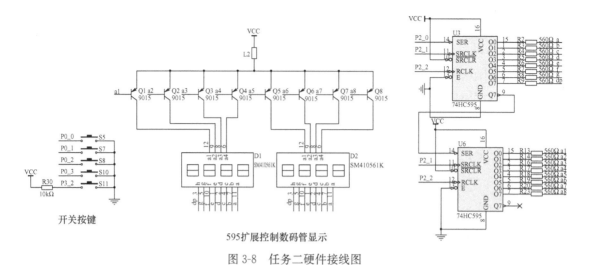

595扩展控制数码管显示

图 3-8　任务二硬件接线图

三、软件流程

任务二软件流程图如图 3-9 所示。

四、参考代码

任务二参考代码如下：

```
#include<reg51.h>
#include <intrins.h>
#define uchar unsigned char
#define uint unsigned int
sbit ser=P2^0;
sbit srclk=P2^1;
sbit rclk=P2^2;
sbit S1=P0^0;
uint count;
uchar mode;
static uchar aa;
uchar code wei[]={0x7f,0x3f,0x1f,0x0f,0x07,0x03,0x01,0x00};
void   delay(uint ms)
{
     uint i,j;
for(j=0;j<ms;j++)
     for(i=0;i<1300;i++);
}
void outbyte(uchar weima,uchar duan)
{uchar i;
```

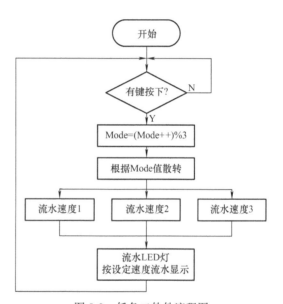

图 3-9　任务二软件流程图

```
for(i=0;i<8;i++)
{if(weima&0x80) ser=1;
else ser=0;
weima=(weima<<1);
srclk=0;
srclk=1;
}
for(i=0;i<8;i++)
{if(duan&0x80) ser=1;
else ser=0;
duan=(duan<<1);
srclk=0;srclk=1;}
rclk=0;
rclk=1;
}
main()
{
    TMOD=0x10;
TH1=(65536-1000)/256;
TL1=(65536-1000)%256;
ET1=1;
EA=1;
TR1=1;
while(1)
{
if(S1==0)            //判断按键是否按下
  {delay(10);
    if(S1==0)
{ mode++;
if(mode==3)mode=0;while(S1==0);
    }}
    switch(mode )
{
case 0：count=100;   break;
case 1:count=500;   break;
case 2：count=2000;   break;
}
}}
void int1() interrupt 3 using 1
```

```
{
static uint   countms;
TH1＝(65536－1000)/256;
TL1＝(65536－1000)%256;
countms＋＋;
if(countms＞count)
{aa＋＋;
if(aa＝＝8)aa＝0;
countms＝0;}
outbyte(wei[aa],0x8e);
}
```

习 题

一、填空题

1. 键盘按照接口原理可分为编码键盘和非编码键盘两类。这两类键盘的主要区别是识别键符及给出相应键码的方法不同，_____ 主要是用硬件来实现对键的识别，_____主要是用软件来实现键盘的定义和识别。

2. 键盘按照其结构可分为独立式键盘和矩阵式键盘两类。_____ 主要用于按键较少的场合，_____主要用于按键较多的场合，也称为行列式键盘。

二、简答题

1. 简述独立式按键的电路结构及按键识别的原理。

2. 简述矩阵式按键的电路结构及按键识别的原理。

三、编程题

1. 能够在个人的开发板上利用按键和显示电路完成以下任务：按键 1 按下，显示 11111111；按键 2 按下，显示 22222222；按键 3 按下，显示 33333333；按键 4 按下，显示 44444444。

2. 能够在个人的开发板上利用八个数码管显示时钟，计时采用 24 小时进制，显示 00-00-00 到 23-59-59，按键 1 可以调整时，按键 2 可以调整分，按键 3 可以调整秒。

项目四　中断系统应用

4.1　项目说明

项目四中断系统应用包含两个子任务，任务一：模拟交通信号灯与急救车；任务二：中断实现的按键识别。这些任务都是应用 IAP15W4K58S4 单片机最小系统板实现中断系统的应用。

该项目的学习目标和技能要求如下：

学习目标：

➤ 掌握单片机中断的相关概念。

➤ 了解 IAP15W4K58S4 单片机 21 个中断源，熟记 5 个基本中断源。

➤ 掌握 TCON、SCON、IE、IP 的结构、控制作用和设置方法。

➤ 了解中断响应过程。

➤ 了解中断优先控制的方法。

➤ 熟练掌握中断初始化和中断函数的编制方法。

技能要求：

➤ 利用实训开发板上的数码管和按键部分实现中断任务的电路设计。

➤ 在原有交通信号灯程序的基础上增加中断服务函数实现急救车与交通信号灯的程序编写。

➤ 能够对中断控制按键的工作任务进行分析，找出相应的算法，绘制流程图。

➤ 能够根据流程图编写程序。

➤ 能够编写简单完整的中断服务程序。

4.2　知识准备

4.2.1　中断概述

中断是指 CPU 正在执行程序的过程中，由于 CPU 之外的某种原因，有必要暂停主程序的执行，转而去执行相应的处理程序。待处理程序结束之后，再返回原程序断点处继续运行的过程。其中 CPU 正在执行的当前程序称为主程序；中断发生后，转去对突发事件的处理程序称为中断服务程序。IAP15W4K58S4 单片机共有 19 个中断请求源，它们分别是：外部中断 0（INT0）、定时器 0 中断、外部中断 1（INT1）、定时器 1 中断、串口 1 中断、A-D

转换中断、低压检测（LVD）中断、CCP/PWM/PCA 中断、串口 2 中断、SPI 中断、外部中断 2（INT2）、外部中断 3（INT3）、定时器 2 中断、外部中断 4（INT4）、串口 3 中断、串口 4 中断、定时器 3 中断、定时器 4 中断、比较器中断、PWM 中断及 PWM 异常检测中断。也就是说，有 19 种情况发生时，会使单片机去处理中断程序。

为了能让大家更容易理解中断的概念，下面先来举一个生活事例：你正在家中看书，突然电话铃响起来了，你放下书去接电话，通话完毕后你又回来继续看书。这就是生活中的"中断"现象，就是正常的工作过程被外部的事件打断了。

对于单片机来讲，中断是指 CPU 在处理某一事件 A 时，发生了另一事件 B，请求 CPU 迅速去处理（中断发生）；CPU 接到中断请求后，暂停当前正在进行的工作（中断响应），转去处理事件 B（执行相应的中断服务程序），待 CPU 将事件 B 处理完毕后，再回到原来事件 A 被中断的地方继续处理事件 A（中断返回），这一过程称为中断。

单片机在执行程序时，中断随时可能发生，一旦发生，单片机将立即暂停当前程序，赶去处理中断程序，处理完中断程序后再返回刚才暂停处接着执行原来的程序。单片机执行中断程序的示意图如图 4-1 所示。

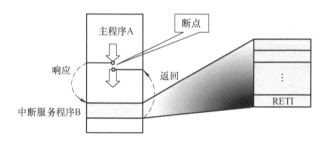

图 4-1　单片机执行中断程序的示意图

引起 CPU 中断的根源，称为中断源；中断源向 CPU 提出中断请求，CPU 暂时中断原来的事件 A，转去处理事件 B，对 B 处理完毕后，再回到原来被中断的地方（即断点），称为中断返回。实现上述中断功能的部件称为中断系统（中断机构）。

中断的开启和关闭、设置启用哪一个中断等都是由单片机内部的一些特殊功能寄存器来决定的，之前我们对单片机内部的特殊功能寄存器 I/O 口寄存器使用较多，接下来将会设置单片机内部更多的特殊功能寄存器。

4.2.2　单片机中断系统

IAP15W4K58S4 单片机中断系统的内部结构框图如图 4-2 所示。

由图 4-2 可知，IAP15W4K58S4 单片机的中断系统有 21 个中断源，中断允许控制寄存器有 IE、IE2、INT_CLKO，中断优先级控制寄存器有 IP、IP2，此外还有控制中断类型的相关寄存器，比如 TCON 等。

一、中断源

可以引起中断的事件称为中断源，单片机中也有一些可以引起中断的事件。IAP15W4K58S4 单片机的中断系统有 19 个中断源，如表 4-1 所示。

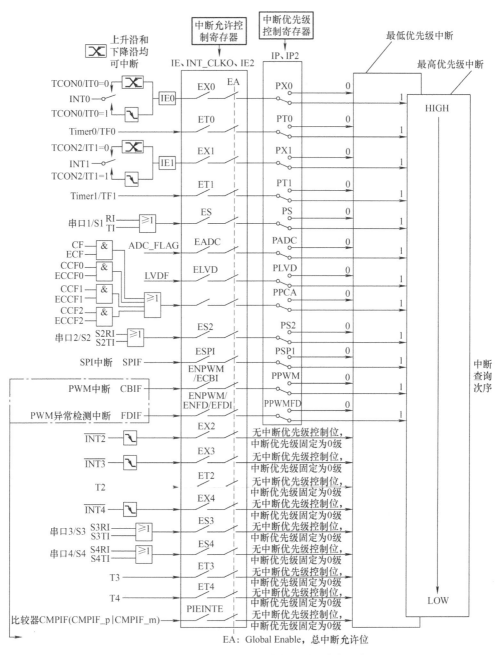

图 4-2 IAP15W4K58S4 单片机中断系统的内部结构框图

表 4-1 IAP15W4K58S4 单片机的 19 个中断源

中　断　源	触　发　行　为
$\overline{INT0}$（外部中断 0）	IT0＝1：下降沿；IT0＝0：低电平
T0	定时器 0 溢出
$\overline{INT1}$（外部中断 1）	IT1＝1：下降沿；IT1＝0：低电平
T1	定时器 1 溢出

（续）

中 断 源	触 发 行 为
UART1	串口 1 发送或接收完成
ADC	A-D 转换完成
LVD	电源电压下降到低于 LVD 检测电压
UART2	串口 2 发送或接收完成
SPI	SPI 数据传输完成
INT2（外部中断 2）	下降沿
INT3（外部中断 3）	下降沿
Timer2	定时器 2 溢出
INT4（外部中断 4）	下降沿
UART3	串口 3 发送或接收完成
UART4	串口 4 发送或接收完成
Timer3	定时器 3 溢出
Timer4	定时器 4 溢出
Comparator（比较器）	比较器比较结果由 LOW 变成 HIGH 或由 HIGH 变成 LOW

下面介绍和传统 51 单片机一致的 5 种基本中断源：两个外部中断源（$\overline{INT0}$、$\overline{INT1}$）、两个定时器/计数器中断源（T0、T1）和一个串口中断源。

1. 外部中断源

外部中断 0 和外部中断 1 是由单片机的 P3.2 和 P3.3 端口引入的，名称分别为 $\overline{INT0}$ 和 $\overline{INT1}$，低电平或下降沿触发。

2. 定时器/计数器中断源

MCS-51 单片机内部有两个 16 位的定时器/计数器，分别是 T0 和 T1。当计数器计满溢出时就会向 CPU 发出中断请求。

3. 串口中断源

MCS-51 单片机内部有一个全双工的串行通信接口 TI/RI，可以和外部设备进行串行通信，当串口接收或发送完一帧数据后会向 CPU 发出中断请求。

二、中断控制寄存器

1. 定时器/计数器控制寄存器（TCON）

TCON 即定时器/计数器控制寄存器，这是一个可位寻址的 8 位特殊功能寄存器，即可以对其每一位单独进行操作，其字节地址为 88H。它不仅与两个定时器/计数器的中断有关，也与两个外部中断源有关。该寄存器用于保存外部中断请求以及定时器的计数溢出。单片机复位时，TCON 的全部位均被清"0"。其各位定义如表 4-2 所示。

表 4-2　定时器/计数器控制寄存器 TCON 的各位功能定义

位　号	D7	D6	D5	D4	D3	D2	D1	D0
位名称	TF1	TR1	TF0	TR0	IE1	IT1	IE0	IT0

（1）IE0 和 IE1 外中断请求标志位

当 CPU 采样到 INT0（INT1）端出现有效中断请求时，IE0（IE1）位由硬件置"1"。在中断响应完成后转向中断服务时，再由硬件自动清"0"。

（2）IT0 和 IT1 外中断请求触发方式控制位；IT0(IT1)＝1：脉冲触发方式，后沿负跳有效；IT0(IT1)＝0：电平触发方式，低电平有效。

由软件置"1"或清"0"。

（3）TF0 和 TF1 计数溢出标志位

当计数器产生计数溢出时，相应的溢出标志位由硬件置"1"。当转向中断服务时，再由硬件自动清"0"。计数溢出标志位的使用有两种情况：

采用中断方式时，作中断请求标志位来使用；采用查询方式时，作查询状态位来使用。

2. 串口控制寄存器（SCON）

串口控制寄存器 SCON 用于设置串口的工作方式、监视串口的工作状态、控制发送与接收的状态等。它是一个既可以字节寻址又可以位寻址的 8 位特殊功能寄存器，其字节地址为 98H。单片机复位时，SCON 的全部位均被清"0"。其各位定义如表 4-3 所示。

表 4-3　串口控制寄存器 SCON 的各位功能定义

位　号	D7	D6	D5	D4	D3	D2	D1	D0
位名称	SM0	SM1	SM2	REN	TB8	RB8	TI	RI

这里只介绍其中与中断请求有关的两位，其他各位将在后面具体介绍。

（1）TI 串口发送中断请求标志位

当发送完一帧串行数据后，由硬件置"1"；在转向中断服务程序后，用软件清"0"。

（2）RI 串口接收中断请求标志位

当接收完一帧串行数据后，由硬件置"1"；在转向中断服务程序后，用软件清"0"。

串行中断请求由 TI 和 RI 的逻辑或得到。就是说，无论是发送标志还是接收标志，都会产生串行中断请求。

3. 中断允许控制寄存器（IE）

在 51 单片机的中断系统中，中断的允许或禁止是在中断允许寄存器 IE 中设置的。IE 也是一个可位寻址的 8 位特殊功能寄存器，即可以对其每一位单独进行操作，当然也可以进行整体字节操作，其字节地址为 A8H。单片机复位时，IE 全部被清"0"。其各位定义如表 4-4所示。

表 4-4　中断允许控制寄存器 IE 的各位功能定义

位　号	D7	D6	D5	D4	D3	D2	D1	D0
位名称	EA	—	—	ES	ET1	EX1	ET0	EX0

（1）EA 中断允许总控制位

EA＝0：中断总禁止，禁止所有中断。

EA＝1：中断总允许，总允许后中断的禁止或允许由各中断源的中断允许控制位进行设定。

（2）EX0 和 EX1 外部中断允许拉制位

EX0(EX1)＝0：禁止外中断。

EX0（EX1）＝1：允许外中断。

（3）ET1 和 ET0 定时/计数中断允许控制位

ET0（ET1）＝0：禁止定时（或计数）中断。

ET0（ET1）＝1：允许定时（或计数）中断。

（4）ES 串行中断允许控制位

ES＝0：禁止串行中断。

ES＝1：允许串行中断。

4. 中断优先级控制寄存器（IP）

在 51 单片机的中断系统中，中断源按优先级分为两级中断：1 级中断即高级中断，0 级中断即低级中断。中断源的优先级需在中断优先级控制寄存器 IP 中设置。IP 也是一个可位寻址的 8 位特殊功能寄存器，即可以对其每一位单独进行操作，当然也可以进行整体字节操作，其字节地址为 B8H。单片机复位时，IP 全部被清"0"，即所有中断源为同级中断。其各位定义如表 4-5 所示。

表 4-5　中断优先级控制寄存器 IP 的各位功能定义

位 号	D7	D6	D5	D4	D3	D2	D1	D0
位名称	—	—	—	PS	PT1	PX1	PT0	PX0

PX0：外部中断 0 优先级设定位；

PT0：定时中断 0 优先级设定位；

PX1：外部中断 1 优先级设定位；

PT1：定时中断 1 优先级设定位；

PS：串行中断优先级设定位。

为"0"的位优先级为低，为"1"的位优先级为高。

三、中断优先级控制原则

单片机在执行程序时，如果同一时刻发生了多个中断，那么单片机该先执行哪个中断程序呢？为了使 CPU 能够按照用户的规定先处理最紧急的事件，然后再处理其他事件，就需要中断系统设置优先级机制，具体需由用户在中断优先级寄存器 IP 中设定。通过设置优先级，排在前面的中断源称为高级中断，排在后面的称为低级中断。设置优先级以后，若有多个中断源同时发出中断请求时，CPU 会优先响应优先级较高的中断源。如果优先级相同，则将按照它们的自然优先级顺序响应默认优先级较高的中断源。51 单片机 5 个中断源默认的中断级别如表 4-6 所示。

表 4-6　中断源的中断级别

中断源	默认中断级别	中断源	默认中断级别
INT0（外部中断 0）	最高	T1（定时器/计数器 1 中断）	第 4
T0（定时器/计数器 0 中断）	第 2	TI/RI（串口中断）	最低
INT1（外部中断 1）	第 3		

51单片机具有两级优先级，具备两级中断服务嵌套的功能。中断嵌套是指当CPU响应某一中断源请求而进入该中断服务程序中处理时，若更高级别的中断源发出中断申请，则CPU暂停执行当前的中断服务程序，转去响应优先级更高的中断，等到更高级别的中断处理完毕后，再返回低级中断服务程序，继续原来的处理，这个过程称为中断嵌套。其中断优先级的控制原则是：

　　1）低优先级中断请求不能打断高优先级的中断服务；但高优先级中断请求可以打断低优先级的中断服务，从而实现中断嵌套。

　　2）如果一个中断请求已被响应，则同级的其他中断服务将被禁止，即同级不能嵌套。

　　3）如果同级的多个中断请求同时出现，则按默认的优先级别顺序确定哪个中断请求被响应。

　　IAP15W4K58S4单片机中断优先级默认顺序是：外部中断0（INT0）、定时器0中断、外部中断1（INT1）、定时器1中断、串口1中断、A-D转换中断、低压检测（LVD）中断、CCP/PWM/PCA中断、串口2中断、SPI中断、外部中断2（INT2）、外部中断3（INT3）、定时器2中断、外部中断4（INT4）、串口3中断、串口4中断、定时器3中断、定时器4中断、比较器中断、PWM中断及PWM异常检测中断。除外部中断2（INT2）、外部中断3（INT3）、定时器2中断、串口3中断、串口4中断、定时器3中断、定时器4中断及比较器中断固定是最低优先级中断外，其他的中断都具有两个中断优先级。

　四、中断处理过程

　　中断处理过程大致可分为4步：中断请求、中断响应、中断服务和中断返回。

　1. 中断请求

　　当中断源要求CPU为它服务时，必须发出一个中断请求信号。CPU将相应的中断请求标志位置"1"。为确保该中断得以实现，中断请求信号应保持到CPU响应该中断后才能取消。CPU会不断及时地查询这些中断请求标志位，一旦查询到某个中断请求标志置位，CPU就响应这个中断源的中断请求。

　2. 中断响应

　　一个中断请求被响应，需满足以下必要条件：

　　1）该中断源发出中断请求，即该中断源对应的中断请求标志为"1"（如$\overline{INT0}$即IE0＝1）。

　　2）IE寄存器中的中断总允许位EA＝1，且该中断源的中断允许位为1，即该中断没有被屏蔽，表示允许中断。

　　3）无同级或更高级中断正在被服务。

　　CPU在接收到中断请求后，若满足以上条件，则转去响应该中断。

　3. 中断服务

　　响应某一中断请求后要进行如下操作：

　　1）PC断点的保护（即转去处理中断前CPU执行的位置），硬件会自动进行入栈保护。

　　2）然后将中断服务的入口地址（即中断服务程序从哪里开始）送入PC指针，使程序转去处理中断服务程序。IAP15W4K58S4单片机的19个中断源的中断入口地址如表4-7所示。

表 4-7　中断源的中断入口地址

中断源	入口地址（汇编）	中断源	入口地址（汇编）
INT0（外部中断 0）	0003H	INT2（外部中断 2）	004BH
T0	000BH	INT3（外部中断 3）	0053H
INT1（外部中断 1）	0013H	T2	005BH
T1	001BH	INT4（外部中断 4）	0063H
UART1	0023H	UART3	0083H
ADC	002BH	UART4	008BH
LVD	0033H	T3	0093H
UART2	003BH	T4	009BH
SPI	0043H	Comparator（比较器）	00A3H

以上两个操作是硬件自动完成的操作。

CPU 响应完中断之后即通过服务程序入口地址转去执行中断服务程序，即执行本次中断要完成的操作。

需注意的是，中断源发出中断请求后，相应的中断请求标志位置"1"，而 CPU 响应中断后，必须及时清除中断请求"1"标志。否则中断响应返回后，将再次进入该中断，引起死循环出错。有关中断请求标志撤除有如下 4 种情况：

1）定时器/计数器 T0、T1 中断，CPU 响应中断时就用硬件自动清除了相应的中断请求标志 TF0、TF1。

2）对采用边沿触发方式的外部中断，CPU 响应中断时，硬件也会自动清除相应的中断请求标志 IE0 或 IE1。

3）对采用电平触发方式的外部中断，CPU 响应中断时，虽也用硬件自动清除相应的中断请求标志 IE0 或 IE1，但相应引脚（P3.2 或 P3.3）的低电平信号若继续保持下去，中断请求标志 IE0 或 IE1 就无法清零，也会发生上述重复响应中断的情况。

4）对串口中断（包括串发 TI、串收 RI），CPU 响应中断后并不能自动清除相应的中断请求标志 TI 或 RI，因此在响应串口中断请求后，必须由用户在中断服务程序的相应位置通过指令将其清除（复位）。

4．中断返回

计算机在中断响应时执行到 RETI 指令时，表示该中断服务已经完成，立即结束中断并从堆栈中自动取出在中断响应时压入的 PC 当前值，从而使 CPU 返回原程序中断点处继续进行下去。

4.2.3　中断初始化

中断初始化实质上就是对 4 个与中断有关的特殊功能寄存器 TCON、SCON、IE 和 IP 进行管理和控制，具体实施如下：

1）CPU 的开、关中断（即全局中断允许控制位的打开与关闭，EA＝1 或 EA＝0）。

2）具体中断源中断请求的允许和禁止（屏蔽）。

3）各中断源优先级别的控制。

4）外部中断请求触发方式的设定。

中断管理和控制（中断初始化）程序一般都包含在主函数中，也可单独写成一个初始化函数，根据需要通常只需几条赋值语句即可完成。中断服务程序是一种具有特定功能的独立程序段，往往写成一个独立函数，函数内容可根据中断源的要求进行编写。

4.2.4 中断服务函数

C51的中断服务程序（函数）的格式如下：

void 中断服务程序函数名（） interrupt 中断序号 using 工作寄存器组编号
{
　　　中断服务程序内容
}

中断服务程序函数不会返回任何值，故其函数类型为void，函数类型名void后紧跟中断服务程序的函数名，函数名可以任意起，只要合乎C51中对标识符的规定即可；中断服务函数不带任何参数，所以中断函数名后面的括号内为空；interrupt即"中断"的意思，是为区别于普通自定义函数而设，中断序号是编译器识别不同中断源的唯一符号，它对应着汇编语言程序中的中断服务程序入口地址，因此在写中断函数时一定要把中断序号写准确，否则中断程序将得不到运行。函数头最后的"using 工作寄存器组编号"是指这个中断函数使用单片机RAM中4组工作寄存器中的哪一组，如果不加设定，C51编译器在对程序编译时会自动分配工作寄存器组，因此"using 工作寄存器组编号"通常可以省略不写。

IAP15W4K58S4单片机的19个中断源的中断序号（三个中断号13～15系统保留）如表4-8所示。

表4-8 中断源的中断序号

中断源	中断序号（C51）	中断源	中断序号（C51）
$\overline{INT0}$（外部中断0）	0	INT2（外部中断2）	10
T0	1	INT3（外部中断3）	11
$\overline{INT1}$（外部中断1）	2	T2	12
T1	3	INT4（外部中断4）	16
UART1	4	UART3	17
ADC	5	UART4	18
LVD	6	T3	19
PCA	7	T4	20
UART2	8	Comparator（比较器）	21
SPI	9		

一个简单的中断服务程序写法如下：

void INT0_srv（void） interrupt 0 using 1

```
{   if(INT0==0)
    {P1_0 =! P1_0;
    while (INT0==0);}
}
```

上面这个代码是一个外部中断 0 的中断服务程序，外部中断的中断序号是 0，因此要写成 "interrupt 0 using 1"，指这个中断函数使用的是单片机内部 RAM 中第 1 组工作寄存器，服务程序的内容是当有外部中断到来时，P1 _ 0 这个端口控制的状态进行翻转，即 0 变 1，或者 1 变 0。

4.3 项目实施

4.3.1 任务一：模拟交通信号灯与急救车

一、任务目标

本任务是模拟路口交通信号灯的控制，当有急救车通过时，要求东南西北四个方向均红灯，车辆不能通行，需等待急救车通过后，交通信号灯恢复急救车通过前的状态。具体要求如下。

1. 实现路口交通信号灯的控制

要求：1）初始状态：东西南北都是红灯。

2）状态 1：东西方向红灯，南北方向绿灯。

3）状态 2：东西方向红灯，南北方向绿灯闪烁（5 次）。

4）状态 3：东西方向绿灯，南北方向红灯。

5）状态 4：东西方向绿灯闪烁（5 次），南北方向红灯。

2. 实现急救车的中断

在 P3 口加一个按钮模拟急救车的通过，按下时各方向交通信号为全红，急救车通过后，交通信号灯恢复中断前的状态。

二、硬件原理电路

任务一硬件连线图如图 4-3 所示。

三、软件流程

任务一软件流程图如图 4-4 所示。

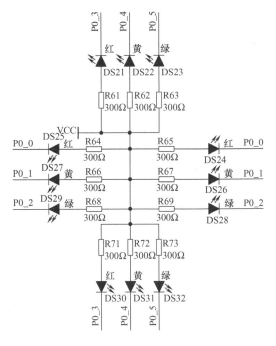

图 4-3 任务一硬件连线图

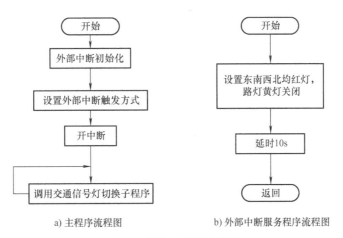

a) 主程序流程图　　　　b) 外部中断服务程序流程图

图 4-4　任务一软件流程图

四、参考代码

任务一参考代码如下：

```c
#include <reg51.h>
#define uchar unsigned char
#define uint   unsigned int
sbit      RED_A = P0^0;              //东西向指示灯
sbit   YELLOW_A = P0^1;
sbit    GREEN_A = P0^2;
sbit      RED_B = P0^3;              //南北向指示灯
sbit   YELLOW_B = P0^4;
sbit    GREEN_B = P0^5;
uchar Flash_Count = 0;              //闪烁次数
uchar Operation_Type = 1;          //操作类型变量
//- - - - - - - - - - - - - - - - - - - - -
//   延时
//- - - - - - - - - - - - - - - - - - - - -
void DelayMS(uint x)
{
uchar t;
while(x——)
{
    for(t=0;t<120;t++);
}
}
//- - - - - - - - - - - - - - - - - - -
```

71

```
//   交通信号灯切换子程序
//- - - - - - - - - - - - - - - - - -
void Traffic_Light()
{
switch (Operation_Type)
{
    case 1：                                    //东西向绿灯与南北向红灯亮
            RED_A = 1；YELLOW_A = 1；GREEN_A = 0；
            RED_B = 0；YELLOW_B = 1；GREEN_B = 1；
            DelayMS(2000)；                     //延时，东西向绿灯亮若干秒后切换
            Operation_Type = 2；               //下一操作
            break；
    case 2：                                    //东西向黄灯开始闪烁，绿灯关闭
            DelayMS(300)；                      //延时
            YELLOW_A = ! YELLOW_A；  GREEN_A = 1；
                                               //闪烁 5 次
            if (++Flash_Count ! = 10)    return；
            Flash_Count = 0；
            Operation_Type = 3；               //下一操作
            break；
    case 3：                                    //东西向红灯与南北向绿灯亮
            RED_A = 0；YELLOW_A = 1；GREEN_A = 1；
            RED_B = 1；YELLOW_B = 1；GREEN_B = 0；
            DelayMS(2000)；                     //延时，南北向绿灯亮若干秒后切换
            Operation_Type = 4；               //下一操作
            break；
    case 4：                                    //南北向黄灯开始闪烁，绿灯关闭
            DelayMS(300)；                      //延时
            YELLOW_B = ! YELLOW_B；  GREEN_B = 1；
                                               //闪烁 5 次
            if (++Flash_Count ! = 10)    return；
            Flash_Count = 0；
            Operation_Type = 1；               //下一操作
            break；
}
}
//- - - - - - - - - - - - - - - - - -
//   主程序
//- - - - - - - - - - - - - - - - - -
```

```
void main()
{
//开外部中断，设置外部中断触发方式
IT0＝1;
EX0＝1;
EA＝1;
//主循环为交通信号灯切换程序，外部中断来切入急救车状态
while(1)
{
Traffic_Light();
}
}
/* 急救车状态：南北向和东西向都亮红灯，绿灯关闭，10s后急救车通过，返回正常交通
信号灯程序* /
void int0_service() interrupt 0 using 2
{
    RED_A = 0;  YELLOW_A = 1;  GREEN_A = 1;
    RED_B = 0;  YELLOW_B = 1;  GREEN_B = 1;
    DelayMS(10000);
}
```

4.3.2　任务二：中断实现的按键识别

一、任务目标

用单片机的数码管显示部分和键盘部分电路，采用中断方式设置加1功能键。要求按键每按下一次，共阳极数码管上的数值增加1，数值变化范围为00～99，并且要具有消除按键抖动的功能。

二、硬件原理电路

任务二硬件连线图如图 4-5 所示。

三、软件流程

任务二软件流程图如图 4-6 所示。

四、参考代码

采用中断技术实现加1键功能时，软件完成的主要任务有中断初始化、按键去抖、变量加1、范围判断、显示等。中断初始化一般安排在主函数中完成，其他任务都可以安排在中断服务函数中。

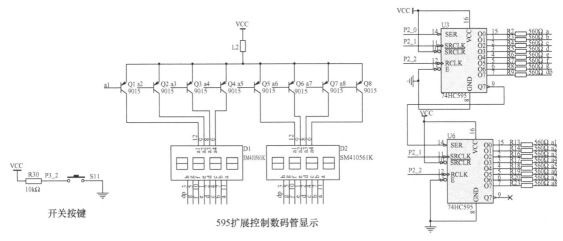

图 4-5　任务二硬件连线图

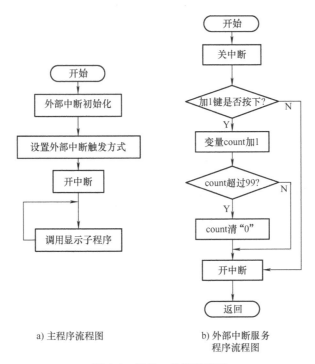

a) 主程序流程图　　　b) 外部中断服务
程序流程图

图 4-6　任务二软件流程图

#include ＜reg51. h＞
#define uchar unsigned char
#define uint　unsigned int
sbit ser＝P2^0;
sbit srclk1＝P2^1;
sbit rclk1＝P2^2;
sbit jia＝P3^2;　//定义加 1 键 jia，用于按键去抖
uchar code LED[ ]＝{0xc0,0xf9,0xa4,0xb0,0x99,0x92,0x82,0xf8,0x80,0x90,0xfe,0xbf};

```c
uchar count;
uchar num[2];
void delay(uint ms)    //延时函数,IAP15W4K58S4 的 ms 级延时
{
uint i,j;
for(i=0;i<ms;i++)
  for(j=0;j<1250;j++);
}
void outbyte(uchar weima,uchar duan)
{uchar i;
 for(i=0;i<8;i++)
  {if(weima&0x80)ser=1;
  else ser=0;
  weima=(weima<<1);
  srclk1=0;
  srclk1=1;
  }
for(i=0;i<8;i++)
  {if(duan&0x80)ser=1;
  else ser=0;
  duan=(duan<<1);
  srclk1=0;
  srclk1=1;
  }
  rclk1=0;
  rclk1=1;
}
void display()
{uchar i;
uchar aa;
aa=0x7f;
for(i=0;i<2;i++)
{outbyte(aa,LED[num[i]]);
delay(1);
aa=(aa>>1)|0x80;
}
}
main()
{
```

```
//开外部中断，设置外部中断触发方式
IT0＝1；
EX0＝1；
EA＝1；
while(1)
{
display()；
}}
    /＊外部中断 0 中断服务函数＊/
void int0_service() interrupt 0 using 2
{
    EX0＝0；   //外部中断 0 关中断，防止抖动引起再次中断
    delay(10)；  //软件去除前沿抖动
    if(jia＝＝0)   //检测加 1 键是否真的闭合
    {count＋＋；  //加 1 键闭合一次，变量 count 加 1
    if(count＞99)   //超过 99 时，重新从 0 开始
    count＝0；}
    while(！jia)；          //等待加 1 键释放
    delay(10)；          //软件去除后沿抖动
    EX0＝1；  //外部中断 0 开中断，若遗漏此句，则只能中断一次
}
```

习　　　题

一、填空题

1. 51 单片机中的 5 个中断源分别为：外部中断 0、_____ 、_____ 、_____和_____。

2. 外部中断 0、1 的中断标志是_____，位于寄存器_____中，IE0＝1 表示_____。

3. 51 单片机有_____级优先级，由特殊功能寄存器_____设置优先级，IP＝0x03 的作用是_____。

4. 外部中断 1 的中断号是_____。

5. 51 单片机的中断源全部设置为相同的优先级，先响应_____的中断请求。

二、简答题

1. 画出 51 单片机的 5 个中断源的中断序号、默认优先级别、对应的中断服务程序的入口地址相应表格。

2. 用数组的形式定义共阳极数码管显示数字 0～9 对应的段码。

3. INT_SEV() interrupt 2 using 2 是什么函数？

4. 要使 INT0 开中断（其余关中断），并设置中断请求方式为边沿触发方式，请写出相

关语句。

5. 设置 IP 寄存器的初始值，使两个外中断请求为高优先级，其他中断请求为低优先级，请写出相关语句。

三、编程题

1. 在实训板上用按键控制某个发光二极管。要求当按键闭合时，发光二极管点亮 10s 后熄灭，请画出硬件电路图，用中断方式编写源程序。

2. 设计减 1 键，按键每按下一次，数码管上显示的数值减 1，变化范围是 0～F，能用软件消除按键的抖动。

3. 为某控制系统设置加 1 键和减 1 键，变化范围是 0～99，采用中断方式。

项目五　制作电子钟与秒表

5.1　项目说明

项目五制作电子钟与秒表包含两个子任务，任务一：99.9s 秒表计时；任务二：简易电子钟的实现。这些任务都是应用 IAP15W4K58S4 单片机最小系统板实现定时器/计数器系统的应用。

该项目的学习目标和技能要求如下：

学习目标：

➢ 理解定时器和计数器的区别。

➢ 熟悉寄存器 TMOD 的结构、控制作用和设置方法。

➢ 理解定时器/计数器的 4 种工作方式，重点掌握方式 1、方式 2 的应用。

➢ 熟悉定时器/计数器的初始化步骤。

➢ 学会定时器/计数器初值的计算方法。

➢ 掌握定时器/计数器应用程序的编制方法。

技能要求：

➢ 利用实训开发板上的数码管和按键部分实现秒表和电子钟任务的电路设计。

➢ 能够对秒表和电子钟任务进行分析，找出相应的算法，绘制流程图。

➢ 能够根据流程图编写程序。

➢ 能够熟练完成根据具体需求对定时器/计数器初始化的编程。

➢ 能够理解定时器/计数器赋初值相关语句的编写和使用。

➢ 能够编写简单完整的定时器/计数器中断服务程序。

5.2　知识准备

5.2.1　定时器/计数器概述

STC15W4K32S4 系列单片机内部设置了 5 个 16 位定时器/计数器：16 位定时器/计数器 T0、T1、T2、T3 以及 T4，这 5 个 16 位定时器都具有计数方式和定时方式两种工作方式。对于定时器/计数器 T0 和 T1，用它们在特殊功能寄存器 TMOD 中相对应的控制位 C/T 来选择 T0 或 T1 为定时器还是计数器。对于定时器/计数器 T2，用特殊功能寄存器 AUXR 中的控制位 T2_C/T 来选择 T2 为定时器还是计数器。对于定时器/计数器 T3，用特殊功能寄存器 T4T3M 中的控制位 T3_C/T 来选择 T3 为定时器还是计数器。对于定时器/计数器 T4，用特殊功能寄存器 T4T3M 中的控制位 T4 _ C/T 来选择 T4 为定时器还是计数器。定时器/计数器的核心部件是一个加法计数器，其本质是对脉冲进行计数，只是计数脉冲来源不同：如果计数脉冲来自系统时钟，则为定时方式，此时定时器/计数器每 12 个时钟或者每 1 个时钟得到一个计数脉冲，计数值加 1；如果计数脉冲来自单片机外部引脚（T0 为 P3.4，T1 为 P3.5，T2 为 P3.1，T3 为 P0.7，T4 为 P0.5），则为计数方式，每来一个脉冲加 1。下面介绍和传统 8051 相同的两个基本 16 位定时器/计数器 T0、T1。

8051 单片机的定时器/计数器 T0、T1 的逻辑结构如图 5-1 所示。

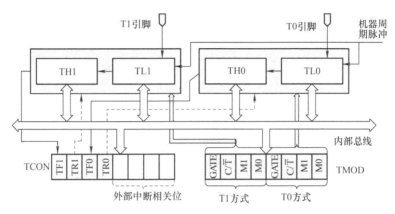

图 5-1 定时器/计数器 T0、T1 的逻辑结构

定时器/计数器（T/C）实际上是一个二进制的加 1 寄存器，当启动后就开始从所设定的计数初始值开始加 1 计数，寄存器计满回零时能自动产生溢出中断请求。它们既可以编程为定时器使用，也可以编程为计数器使用。若是计数内部晶振驱动时钟，则它是定时器；若是计数输入引脚的脉冲信号，则它是计数器。

T/C 是加 1 计数的。定时器实际上也是工作在计数方式下，只不过对固定频率的脉冲计数，由于脉冲周期固定，由计数值可以计算出时间，有定时功能。

当 T/C 工作在定时器时，对振荡源 12 分频的脉冲计数，即每个机器周期计数值加 1，计数率＝$f_{OSC}/12$。当晶振为 6MHz 时，计数率＝500kHz，每 2μs 计数值加 1。

当 T/C 工作在计数器时，计数脉冲来自外部脉冲输入引脚 T0（P3.4）或 T1（P3.5），当 T0 或 T1 脚上负跳变时计数值加 1。识别引脚上的负跳变需两个机器周期，即 24 个振荡周期。所以 T0 或 T1 脚输入的可计数外部脉冲的最高频率为 $f_{OSC}/24$。当晶振为 12MHz 时，最高计数率为 500kHz，高于此频率将计数出错。

5.2.2 定时器/计数器的控制

定时器/计数器的控制是通过设置相关特殊功能寄存器来实现的，与 T/C 工作有关的特殊功能寄存器为：计数寄存器 TH 和 TL、定时器/计数器控制寄存器 TCON、定时器/计数器的方式控制寄存器 TMOD。

1. 计数寄存器 TH 和 TL

T/C 是 16 位的，计数寄存器由 TH 高 8 位和 TL 低 8 位构成。在特殊功能寄存器（SFR）中，对应 T/C0 为 TH0 和 TL0，对应 T/C1 为 TH1 和 TL1。定时器/计数器的初始值通过 TH1/TH0 和 TL1/TL0 设置。

2. 定时器/计数器控制寄存器 TCON

定时器/计数器控制寄存器 TCON 用于保存外部中断请求以及定时器的计数溢出。TCON 的地址为 88H，8 位格式如表 5-1 所示。

表 5-1　定时器/计数器控制寄存器 TCON 的各位功能定义

位　号	D7	D6	D5	D4	D3	D2	D1	D0
位名称	TF1	TR1	TF0	TR0	IE1	IT1	IE0	IT0

TR0、TR1：T/C0、T/C1 启动控制位。

=1：启动计数。

=0：停止计数。

TCON 复位后清 "0"，T/C 需受到软件控制才能启动计数，当计数寄存器计满时，产生向高位的进位 TF，即溢出中断请求标志。

其他 6 位与外部中断有关，之前已有介绍，在此不做介绍。

3. 定时器/计数器方式控制寄存器 TMOD

特殊功能寄存器 TMOD 用于控制 T0 和 T1 的工作方式，低 4 位用来控制 T0，高 4 位用来控制 T1，TMOD 的地址为 89H，8 位格式如表 5-2 所示。

表 5-2　定时器/计数器方式控制寄存器 TMOD 的各位功能定义

位　号	D7	D6	D5	D4	D3	D2	D1	D0
位名称	GATE	C/T	M1	M0	GATE	C/T	M1	M0

C/T：工作模式选择位。

=1：计数模式。

=0：定时模式。

M1、M0：工作方式选择位。

4 种工作方式由 M1 和 M0 的 4 种组合状态确定，具体如表 5-3 所示。

表 5-3　定时器/计数器工作方式

M1	M0	方式	功　能
0	0	0	为 13 位定时器/计数器，TL 存低 5 位，TH 存高 8 位
0	1	1	为 16 位定时器/计数器
1	0	2	自动装入初值的 8 位定时器/计数器
1	1	3	仅适用于 T/C0，两个 8 位定时器/计数器

GATE：启动门控标志位。

=1：T/C 的启动受到双重控制，只有 INT0（或 INT1）引脚为高电平且 TR0（或 TR1）置 1 时，定时器/计数器才被选通工作，即要求 TR0/TR1 和 INT0/INT1 同时为高。

=0：T/C 的启动仅受 TR0 或 TR1 控制，则只要 TR0（或 TR1）置 1，定时器/计数器就被选通，而不管 INT0（或 INT1）的电平是高还是低。

5.2.3 定时器/计数器的工作方式

1. 方式 0

当 TMOD 中 M1M0＝00 时，T/C 工作在方式 0。

方式 0 为 13 位的 T/C，由 TH0 的 8 位和 TL0 的低 5 位组成一个 13 位计数器。当 13 位计数器从 0 或设定的初值，加 1 到全 "1" 以后，再加 1 就产生溢出。这时，置 TCON 的 TF0 位为 1，同时把计数器变为全 "0"。

方式 0 的工作方式示意图如图 5-2 所示。

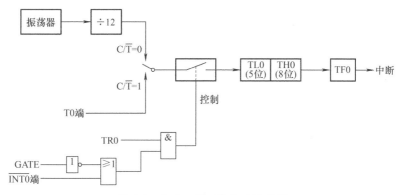

图 5-2　方式 0 的工作方式示意图

T/C 启动后立即加 1 计数，当 13 位计数满时，TH 向高位进位，此进位将中断溢出标志 TF 置 1，产生中断请求，表示定时时间到或计数次数到。若 T/C 开中断（ET＝1）且 CPU 开中断（EA＝1），则当 CPU 转向中断服务程序时，TF 自动清 "0"。

2. 方式 1

当 TMOD 中 M1M0－01 时，T/C 工作在方式 1。

方式 1 与方式 0 基本相同。唯一区别在于计数寄存器的位数是 16 位的，由 TH 和 TL 寄存器各提供 8 位，满计数值为 2^{16}。

方式 1 的工作方式示意图如图 5-3 所示。

在方式 0 和方式 1 中，当计数满后，若要进行下一次定时/计数，须用软件向 TH 和 TL 重装预置计数初值。

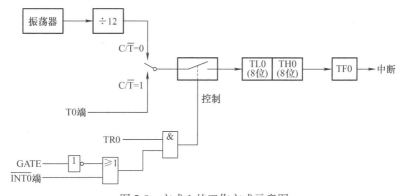

图 5-3　方式 1 的工作方式示意图

3. 方式 2

当 TMOD 中 M1M0＝10 时，T/C 工作在方式 2。

方式 2 是 8 位的可自动重装载的 T/C，满计数值为 2。

在方式 0 和方式 1 中，当计数满后，若要进行下一次定时/计数，须用软件向 TH 和 TL 重装预置计数初值。方式 2 中 TH 和 TL 被当作两个 8 位计数器，计数过程中，TH 寄存 8 位初值并保持不变，由 TL 进行 8 位计数。计数溢出时，除产生溢出中断请求外，还自动将 TH 中的初值重装到了 TL，即重装载。除此之外，方式 2 也同方式 0。

方式 2 的工作方式示意图如图 5-4 所示。

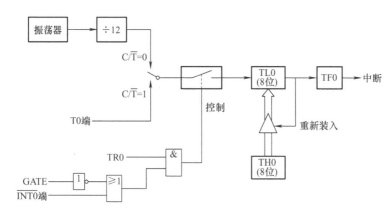

图 5-4　方式 2 的工作方式示意图

4. 方式 3

方式 3 只适合于 T/C0。当 T/C0 工作在方式 3 时，TH0 和 TL0 成为两个独立的计数器。这时，TL0 可作定时器/计数器，占用 T/C0 在 TCON 和 TMOD 寄存器中的控制位和标志位；而 TH0 只能作定时器用，占用 T/C1 的资源 TR1 和 TF1。在这种情况下，T/C1 仍可用于方式 0、1、2，但不能使用中断方式。

通常，当 T1 用作串口波特率发生器时，T0 才定义为方式 3，以增加一个 8 位计数器。

方式 3 工作方式示意图如图 5-5 所示。

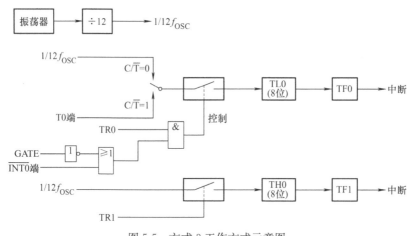

图 5-5　方式 3 工作方式示意图

5.2.4　定时器/计数器的应用

一、定时器/计数器的初始化

1. 初始化步骤

在使用 8051 的定时器/计数器前，应对它进行编程初始化，主要是对 TCON 和 TMOD 编程；计算和装载 T/C 的计数初值。一般完成以下几个步骤：

1）确定 T/C 的工作方式——编程 TMOD 寄存器。

2）计算 T/C 中的计数初值，并装载到 TH 和 TL。

3）T/C 在中断方式工作时，须开 CPU 中断和源中断——编程 IE 寄存器。

4）启动定时器/计数器——编程 TCON 中 TR1 或 TR0 位。

2. 定时器/计数器工作方式的选择方法

1）首先计算计数值。

2）确定工作方式。原则是尽可能地选择方式 2，若 $N \leqslant 256$，选择方式 2，否则选择方式 1。

3）如果需要增加一个定时器/计数器选择模式 3。

3. 计数初值的计算

（1）定时器的计数初值

在定时器方式下，T/C 是对机器周期脉冲计数的，若 $f_{OSC} = 6MHz$，一个机器周期为 $12/f_{OSC} = 2\mu s$，则

方式 1：16 位定时器最大定时间隔 $= 2^{16} \times 2\mu s = 131.072ms$；

方式 2：8 位定时器最大定时间隔 $= 2^{8} \times 2\mu s = 512\mu s$。

若使 T/C 工作在定时器方式 1，要求定时 1ms，求计数初值。设计数初值为 x，则有 $(2^{16} - x) \times 2\mu s = 1000\mu s$，即 $x = 2^{16} - 500$，因此，TH、TL 可置 $65536 - 500$。

（2）计数器的计数初值

在计数器方式下：

方式 0：13 位计数器的满计数值 $= 2^{13} = 8192$；

方式 1：16 位计数器的满计数值 $= 2^{16} = 65536$；

方式 2：8 位计数器的满计数值 $= 2^{8} = 256$。

若使 T/C 工作在计数器方式 2，要求计数 10 个脉冲的计数初值。如设计数初值为 x，则 $2^{8} - x = 10$，即 $x = 2^{8} - 10$，因此 $TH = TL = 256 - 10$。

二、定时器/计数器的应用举例

例 1：要求对 T0 产生 1ms 定时进行初始化（晶振=12MHz）。

分析：已知 $f_{OSC} = 12MHz$，则 $1T_{m}$（机器周期）$= 12T_{c} = 12/12MHz = 1\mu s$

设计数初值为 x，则有 $(2^{16} - x) \times 1\mu s = 1000\mu s$

计数初值：$x = 65536 - 1000$

♯include ＜reg51. h＞

…

```
void time0( ) interrupt 1 using 1      //   T0 的中断函数
{TH0＝(65536－1000)/256;
 TL0＝(65536－1000)%256;
…
}
main( )
{
    TMOD＝0x01;
    TH0＝(65536－1000)/256;
    TL0＝(65536－1000)%256;
    EA＝1;
    ET0＝1;
    TR0＝1;
    while(1); //原地等待中断
}
```

例 2：从 P1.0 脚输出频率为 1kHz 的方波，设晶振为 6MHz，用 T1 定时中断。

分析：f_{OSC}＝ 6MHz，则 1 机器周期为 2μs

  1kHz 方波周期为 1ms，则半个方波周期为 500μs

  500μs÷2μs＝250

若选择方式 2 工作，8 位定时器最大数值为

  2^8＝256＝0FFH＋1

可以满足要求。

  计算初值：2^8-x＝250，故 x＝6

```
♯include ＜reg51.h＞
sbit   out = P1^0;
void T1test( ) interrupt 3   //T1 的中断函数
{
out = ! out;//中断服务:P1.0 取非
}
main( )
{
TMOD = 0x20; //选 T1 方式 2
TH1 = 6; //赋重装值
TL1 = 6; //赋初值
ET1 = 1; //开 T1 中断
EA  = 1; //开总中断
TR1 = 1; //启动 T1
while(1); //原地等待中断
}
```

5.3 项目实施

5.3.1 任务一：99.9s 秒表计时

一、任务目标

本任务是设计一个 99.9s 的秒表计时器，从 0 开始，最多计时到达 99.9s，通过按键可以控制秒表的停止和继续走时，此秒表的时间由单片机的定时器/计数器来实现。

二、硬件原理电路

任务一硬件连线图如图 5-6 所示。

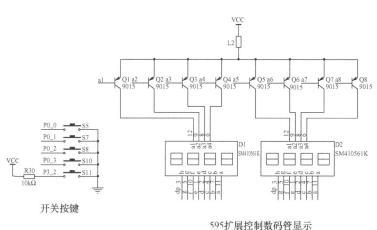

595扩展控制数码管显示

图 5-6 任务一硬件连线图

三、软件流程

任务一软件主程序流程图如图 5-7 所示。

四、参考代码

任务一参考代码如下：

```
#include<reg51.h>
#define uchar unsigned char
#define uint unsigned int
sbit ser=P2^0;
sbit srclk=P2^1;
sbit rclk=P2^2;
sbit S1=P0^0;
sbit S2=P0^1;
```

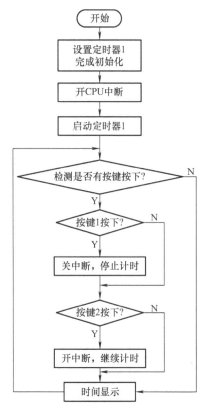

图 5-7　任务一软件主程序流程图

```
uchar  count=0;
uint  djs=0;  //0～999
uchar t1_num=0;
uchar code duan[]={0xc0,0xf9,0xa4,0xb0,0x99,0x92,0x82,0xf8,0x80,0x90};
uchar code  LED[ ]={0xc0,0xf9,0xa4,0xb0,0x99,0x92,0x82,0xf8,0x80,0x90,0xfe,0xbf};
uchar xian[]={0,0,0};
uchar code wei[]={1,2};
void  delay(uint ms)
{     uint i,j;
for(j=0;j<ms;j++)
    for(i=0;i<1300;i++);}
void outbyte(uchar weima,uchar duan)
{uchar i;
for(i=0;i<8;i++)
{if(weima&0x80) ser=1;
else ser=0;
weima=(weima<<1);
srclk=0;
```

```
srclk=1;
}
for(i=0;i<8;i++)
{if(duan&0x80) ser=1;
else ser=0;
duan=(duan<<1);
srclk=0;srclk=1;}
rclk=0;
rclk=1;
}
disp()
{
uchar a,aa;
uchar c;
xian[2]=djs/100;      //百
xian[1]=(djs%100)     //十
xian[0]=djs%10;       //个
aa=0x7f;
for (a=0;a<3;a++)
{c=LED[xian[a]];
if(a==1) {c=c&0x7f;}
outbyte(aa,c);
delay(1);
aa=(aa>>1)|0x80;}}
main()
{
    TMOD=0x10;
TH1=(65536-10000)/256;
TL1=(65536-10000)%256;
ET1=1;
EA=1;
TR1=1;
while(1)
{
 if(S1==0 || S2==0)
   {delay(10);
     if(S1==0 || S2==0)
{if(S1==0)
TR1=0;
```

```
else if  (S2==0)
TR1=1;}}
 disp();
     }
}
void time1()  interrupt  3
{
 TH1=(65536-10000)/256;
 TL1=(65536-10000)%256;
 t1_num++;
 if( t1_num==10)  //0.1s 到
   { t1_num=0;
  if(djs==999)
  djs=0;
  djs++;
}
}
```

5.3.2 任务二：简易电子钟的实现

一、任务目标

使用数码管和按键制作一个简易时钟，采用 24 小时制，显示范围从 00-00-00 到 23-59-59，并可通过 3 个独立式按键调整时间。

二、硬件原理电路

任务二硬件连线图如图 5-8 所示。

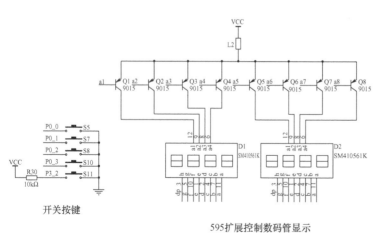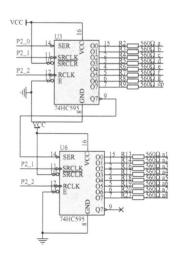

图 5-8 任务二硬件连线图

三、软件流程

任务二软件程序流程图如图 5-9 所示。

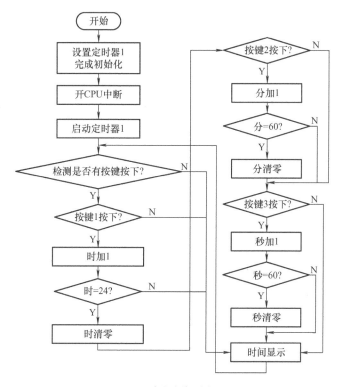

a) 主程序流程图

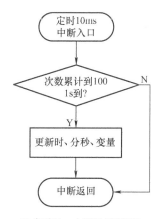

b) 定时10ms中断服务流程图

图 5-9 任务二软件程序流程图

四、参考代码

任务二参考代码如下：

```
#include<reg51.h>
```

```
#define uchar unsigned char
#define uint unsigned int
sbit ser=P2^0;
sbit srclk=P2^1;
sbit rclk=P2^2;
sbit S1=P0^0;
sbit S2=P0^1;
sbit S3=P0^2;
uchar code   LED[ ]={0xc0,0xf9,0xa4,0xb0,0x99,0x92,0x82,0xf8,0x80,0x90,0xfe,0xbf};
uchar shi,fen,miao;
uchar xian[]={0,0,11,0,0,11,0,0};
uint t1_num;
void   delay(uint ms)
{
    uint i,j;
for(j=0;j<ms;j++)
    for(i=0;i<1300;i++);
}
void outbyte(uchar weima,uchar duan)
{uchar i;
for(i=0;i<8;i++)
{if(weima&0x80) ser=1;
else ser=0;
weima=(weima<<1);
srclk=0;
srclk=1;
}
for(i=0;i<8;i++)
{if(duan&0x80) ser=1;
else ser=0;
duan=(duan<<1);
srclk=0;srclk=1;}
rclk=0;
rclk=1;
}
disp()
{
uchar a,aa;
xian[0]=miao%10;
```

```
xian[1]=miao/10;
xian[3]=fen%10;
xian[4]=fen/10;
xian[6]=shi%10;
xian[7]=shi/10;
aa=0x7f;
for (a=0;a<8;a++)
{outbyte(aa,LED[xian[a]]);
delay(1);
aa=(aa>>1)|0x80;}}
main()
{
TMOD=0x10;
TH1=(65536-10000)/256;
TL1=(65536-10000)%256;
ET1=1;
EA=1;
TR1=1;
while(1)
{if(S1==0 || S2==0 || S3==0)
    {delay(10);
     if(S1==0 || S2==0 || S3==0)
{if(S1==0)
       {EA=0;shi++;if(shi>23)shi=0;while(S1==0); delay(10);EA=1;}
else if   (S2==0)
       {EA=0;fen++;if(fen>59)fen=0;while(S2==0); delay(10);EA=1;}
else if   (S3==0)
          {EA=0;miao++;if(miao>59)miao=0;while(S3==0);
delay(10);EA=1;}                    }}
    disp();   }
}
void time1()   interrupt    3
{
 TH1=(65536-10000)/256;
 TL1=(65536-10000)%256;
 t1_num++;
 if( t1_num==100)
    { t1_num=0;
  miao++;
```

```
    if(miao>=60){miao=0;  fen++;
    if(fen>=60) {fen=0;shi++;
    if(shi>=24){shi=0;} }}
}
}
```

习　　题

一、填空题

1. 51 单片机有_____个定时器/计数器，它们能实现_____功能。

2. TMOD＝0x51 的含义是_____，TR0＝1 表示_____。

3. 定时器/计数器的功能选择位是_____，GATE＝0 表示_____。

4. 定时器/计数器有_____种工作方式，计数初值存放在_____。

5. 定时器/计数器的初始化一般安排在_____函数中完成。

二、简答题

1. 51 单片机定时器/计数器的初始化需设置哪些特殊功能寄存器？

2. 如何区别需要使用的是定时器还是计数器？

3. "TMOD＝0x01;"语句是什么意思？

4. 写出定时器 0 定时时间为 1ms 初始化语句中进行初值装载的两条语句。

5. 简述定时器/计数器方式 1 和方式 2 的区别。

6. 简述定时器/计数器的初始化步骤。

三、编程题

1. 利用定时器 0 工作方式 1，在实训板上实现一个发光管以 1s 亮灭闪烁。

2. 使用定时器/计数器设定 1s 定时，并在数码管上显示当前秒数，当到第 15s 时归 0，并由蜂鸣器报警，报警时间为 1s。

3. 用定时器 0 的工作方式 1 实现一个发光二极管以 200ms 的间隔闪烁，用定时器 1 的方式 1 实现数码管前两位 59s 循环计时。

项目六 制作简易电压表

6.1 项目说明

项目六制作简易电压表包含两个子任务，任务一：简易电压表的实现；任务二：用 ADC 实现按键识别。这些任务都是应用 IAP15W4K58S4 单片机最小系统板实现 ADC 的转换。

该项目的学习目标和技能要求如下：

学习目标：

➢ 理解 ADC 转换原理及性能指标。

➢ 掌握 IAP15W4K58S4 芯片 ADC 的结构及应用。

➢ 掌握利用 ADC 原理实现的按键识别方法。

➢ 掌握利用 ADC 原理实现的简易电压表的实现方法。

技能要求：

➢ 能够利用 IAP15W4K58S4 完成简易电压表的电路设计、程序设计；

➢ 能够利用 IAP15W4K58S4 完成 ADC 按键的识别程序设计；

➢ 能够对工作任务进行分析，找出相应算法，绘制流程图。

➢ 能够根据流程图编写程序。

➢ 使用 Keil C 完成程序的编写和调试。

➢ 使用最小系统板实现硬件调试。

6.2 知识准备

6.2.1 ADC 转换概述

ADC（Analog-Digital Converter）是一种能把输入模拟电压或电流变成与其成正比的数字量的电路芯片，即能把被控对象的各种模拟信息变成计算机可以识别的数字信息。伴随半导体技术的飞速发展，ADC 先后出现了并行 ADC、逐次逼近型 ADC、积分型 ADC、Σ-Δ 型 ADC、分级型 ADC 和流水型 ADC。

它们各具特点能满足不同的应用场合使用：逐次逼近型和积分型 ADC 主要用于中低速、中等精度的数据采集和智能仪器中；分级型和流水型 ADC 主要应用于高速情况下的瞬态信息处理；Σ-Δ 型 ADC 主要应用于高精度数据采集的场合。

6.2.2　ADC 转换原理及性能指标

一、ADC 转换原理

由于模拟信号在时间和数值上是连续的，而数字信号在时间和数值上是断续的，因此在进行模拟转换时，先要按一定的时间间隔对模拟电压取样，将其变成在时间上离散的信号，然后将取样电压保持一段时间，在这段时间内，对取样值进行量化，使取样值变成离散的量值，最后再通过编码，把量化后的离散值转换成数字量输出。这样，模拟信号经量化、编码后，就成了离散的数字信号。由此可见，ADC 转换过程一般包括取样-保持和量化-编码。

1. 取样-保持

取样就是对模拟信号周期性地抽取样值的过程，将连续变化的模拟信号转变成在时间上离散的脉冲串，但其取样值仍取决于取样时间内输入模拟信号的大小。

取样-保持原理如图 6-1 所示，图 6-1b 所示是待取样的模拟信号，图 6-1c 所示是矩形取样脉冲。图 6-1a 所示是取样电路示意图，当开关闭合时，$u_s = u_i$；当开关断开时，$u_s = 0$。如果在取样脉冲的高电平期间开关闭合，在取样脉冲的低电平期间开关断开，可以得到

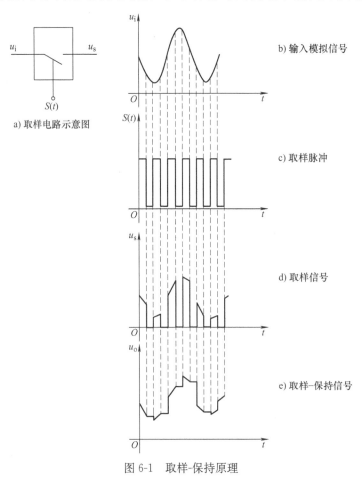

图 6-1　取样-保持原理

图 6-1d 所示的取样信号。

在取样时，取样脉冲的频率 F_s 越高，取样越密，取样值就越多，取样信号的包络线也就越能真实地反映输入模拟信号的变化规律。为了能不失真地恢复原模拟信号，取样时取样信号的频率应不小于输入模拟信号频率中最高频率 f_{imax} 的两倍，这就是取样定理，即

$$f_s \geqslant 2f_{imax}$$

对于变化较快的模拟信号，取样值会在脉冲持续期间内发生明显的变化，如图 6-1d 所示，波形顶部不平。将取样电压转换为相应的数字量需要一定的时间，为了能给量化-编码电路提供一个固定的取样值，每次取样后，必须把取样电压保持一段时间，在取样电压保持期间，进行量化-编码。模拟信号经取样-保持后的波形如图 6-1e 所示。

取样-保持电路保持期间的输出电压值就是 ADC 转换时的输入电压，它将保持到下一次取样开始。

2. 量化-编码

取样-保持后的取样电压值仍然是模拟量，而任何一个数字量的大小都是某个最小数量单位（LSB）的整数倍，因此在用数字量表示取样电压时，也必须将它表示成这个最小数量单位的整数倍，这个转换过程称为量化。编码就是将这个倍数用二进制代码表示，该二进制代码也就是 ADC 转换后输出的数字量。

量化时所规定的最小数量单位叫作量化单位，用 Δ 表示。单位就是数字信号中只有最低有效位为 1 时所表示的数值，即 LSB，所以 $\Delta = 1\text{LSB}$。

由于取样-保持后模拟电压是任意的数值，不一定恰好是量化单位的整数倍，不可避免地会引入误差，称之为量化误差。对模拟信号量化时，量化方法不同，量化误差也不相同。常用的量化方法有只舍不入法、四舍五入法两种。

完成量化-编码工作的电路就是 ADC。ADC 的种类很多，按工作原理的不同，可分为间接 ADC 和直接 ADC。间接 ADC 是先将输入模拟电压转换成时间或频率，然后再把这些中间量转换成数字量，常用的为双积分型 ADC，它的中间量是时间。直接 ADC 则是直接输入模拟电压转换成数字量，常用的有并联比较型 ADC 和逐次逼近型 ADC。根据 ADC 输出数字量的不同，还可以分为二进制 ADC、二-十进制 ADC。

二、ADC 转换性能指标

1. 分辨率

分辨率是指 ADC 响应输入电压微小变化的能力。通常用数字输出的最低位所对应的模拟输入的电平值表示。若输入电压满量程为 V_{FS}，转换器的位数为 N，则分辨率为 $\frac{1}{2^N}V_{FS}$。由于分辨率与转换器的位数 N 有关，所以常用位数来表示分辨率。一般把 8 位以下的 ADC 称为低分辨率 ADC，9～12 位的 ADC 称为低中分辨率 ADC，13 位以上的 ADC 称为高分辨率 ADC。ADC 器件的位数越高，分辨率越高。但值得注意的是，分辨率和精度是两个不同的概念，不要把两者相混淆，即使分辨率很高，也可能由于温度漂移、线性度等原因而使精度不够高。

2. 精度

精度可以分为绝对精度和相对精度。

绝对精度：是指 ADC 输出数字量对应给定的模拟输入量的实际值与理论值之间的最大值，即实际输出的数字量与真值之间的最大值。通常用数字量的最小有效值（LSB）的分数值来表示绝对精度，例如 $\pm$LSB、$\pm\frac{1}{2}$LSB、$\pm\frac{1}{4}$LSB 等。

相对精度：是指在零点满量程校准后，任意数字输出所对应模拟输入量的实际与理论值之差，用模拟电压满量程的百分比表示。

3. 转换时间

转换时间是指 ADC 完成一次转换所需的时间，即从启动信号开始到转换结束并得到稳定的数字输出量所需的时间，通常为微秒级。一般约定，转换时间大于 1ms 的为低速，1ms～1μs 的为中速，小于 1μs 的为高速，小于 1ns 的为超高速。

4. 电源灵敏度

电源灵敏度是指 ADC 的供电电源的电压发生变化时，产生的转换误差。一般用电源电压变化 1% 时相当的模拟量变化的百分数来表示。

5. 量程

量程是指所能转换的模拟输入电压范围，分单极性和双极性两种类型。

例如：单极性：量程为 0～+5V、0～+10V、0～+20V。

双极性：量程为 −5～+5V、−10～+10V。

6. 输出逻辑电平

多数 ADC 的输出逻辑电平与 TTL 逻辑电平兼容。在考虑数字量输出与主处理芯片的数据总线接口时，应注意是否要三态逻辑输出，是否要对数据进行锁存。

6.2.3 ADC 转换器结构及相关寄存器

一、ADC 转换器结构

STC15 系列单片机 ADC 由多路选择开关、比较器、逐次比较寄存器、10 位 DAC、转换结果寄存器（ADC＿RES 和 ADC＿RESL）以及 ADC＿CONTR 构成，如图 6-2 所示。

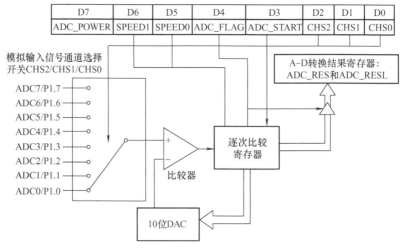

图 6-2　STC15 系列 ADC 转换器结构图

STC15 系列单片机的 ADC 是逐次比较型 ADC。逐次比较型 ADC 由一个比较器和 D-A 转换器构成，通过逐次比较逻辑，从最高位（MSB）开始，顺序地对每一输入电压与内置 D-A 转换器的输出进行比较，经过多次比较，使转换所得的数字量逐次逼近输入模拟量对应值。逐次比较型 A-D 转换器具有速度较高、价格适中、功耗低等优点。

单片机上电复位后 P1 口为弱上拉型 I/O 口，用户可以通过软件设置将 8 路中的任何一路设置为 ADC 转换，不需作为 ADC 使用的接口将继续作为普通 I/O 使用。需要作为 ADC 使用的接口，需先将 P1ASF 特殊功能寄存器中的相应位置为"1"，将相应的接口设置为模拟功能。下面介绍与 STC15 系列单片机 A-D 转换相关的寄存器。

二、ADC 转换特殊功能控制寄存器

1. ADC 转换接口（P1 口）

当 P1 接口中的相应位作为 ADC 使用时，要将 P1ASF 中的相应位置"1"，P1 接口中的各个位信息如表 6-1 所示。相应 P1 接口中的各个位信息如表 6-2 所示。

表 6-1　ADC 转换接口（P1 口）

名称	地址	D7	D6	D5	D4	D3	D2	D1	D0
P1ASF	9Dh	P17ASF	P16ASF	P15ASF	P14ASF	P13ASF	P12ASF	P11ASF	P10ASF

表 6-2　ADC 转换 P1 接口位信息

P1ASF [7：0]	P1.X 的功能	P1ASF [7：0]	P1.X 的功能
P1ASF.0=1	P1.0 口作为模拟功能 ADC 使用	P1ASF.4=1	P1.4 口作为模拟功能 ADC 使用
P1ASF.1=1	P1.1 口作为模拟功能 ADC 使用	P1ASF.5=1	P1.5 口作为模拟功能 ADC 使用
P1ASF.2=1	P1.2 口作为模拟功能 ADC 使用	P1ASF.6=1	P1.6 口作为模拟功能 ADC 使用
P1ASF.3=1	P1.3 口作为模拟功能 ADC 使用	P1ASF.7=1	P1.7 口作为模拟功能 ADC 使用

2. ADC 转换控制寄存器（ADC_CONTR）

ADC 转换控制寄存器（ADC_CONTR），地址在 BCH 单元，如表 6-3 所示。

表 6-3　ADC 转换控制寄存器（ADC_CONTR）

寄存器	地址	D7	D6	D5	D4	D3	D2	D1	D0
ADC_CONTR	BCH	ADC_POWER	SPEED1	SPEED0	ADC_FLAG	ADC_START	CHS2	CHS1	CHS0

1）CHS2/CHS1/CHS0 位：模拟输入通道选择位，其功能值如表 6-4 所示。

表 6-4　模拟输入通道选择位（CHS2/CHS1/CHS0）

CHS2	CHS1	CHS0	通道选择
0	0	0	选择 P1.0 作为 ADC 输入来用
0	0	1	选择 P1.1 作为 ADC 输入来用
0	1	0	选择 P1.2 作为 ADC 输入来用
0	1	1	选择 P1.3 作为 ADC 输入来用
1	0	0	选择 P1.4 作为 ADC 输入来用
1	0	1	选择 P1.5 作为 ADC 输入来用
1	1	0	选择 P1.6 作为 ADC 输入来用
1	1	1	选择 P1.7 作为 ADC 输入来用

2）ADC_START：模-数转换器（ADC）转换启动控制位，设置为"1"时，开始转换，转换结束后为 0。

3）ADC_FLAG：模-数转换器转换结束标志位，当 ADC 转换完成后，ADC_FLAG=1，要由软件清"0"。

注意：不管是 ADC 转换完成后由该转换结束标志位申请产生中断，还是由软件查询该标志位 ADC 转换是否结束，当 ADC 转换完成后，ADC_FLAG=1，一定要软件清"0"。

4）模-数转换器转换速度控制位：SPEED1、SPEED0。功能值如表 6-5 所示。

表 6-5　模-数转换器转换速度控制位（SPEED1、SPEED0）

SPEED1	SPEED0	ADC 转换所需时间
1	1	90 个时钟周期转换一次，CPU 工作频率为 21MHz 时，ADC 转换速度约 300kHz
1	0	180 个时钟周期转换一次
0	1	360 个时钟周期转换一次
0	0	540 个时钟周期转换一次

IAP15W4K58S4 单片机的 ADC 转换模块所使用的时钟是外部晶振时钟或内部 RC 振荡器所产生的系统时钟，不使用时钟分频寄存器 CLK-DIV 对系统时钟分频后所产生的供给 CPU 工作所使用的时钟。优点是让 ADC 用较高的频率工作，可以提高 ADC 的转换速度；让 CPU 用较低的频率工作，可以降低系统的消耗。

注意事项：由于 STC 单片机的时钟不同，所以设置 ADC-CONTR 控制寄存器的语句执行后，要经过 4 个 CPU 时钟的延时，其值才能保证被设置进 ADC-CONTR 控制寄存器。

5）ADC_POWER：ADC 电源控制位。值为 0 时，关闭 ADC 电源；值为 1 时，打开 ADC 电源。建议进入空闲模式前，关闭 ADC 电源（ADC_POWER＝0）。初次打开内部 ADC 转换模拟电源，需适当延时，等内部模拟电源稳定后，再启动 ADC 转换。启动 ADC 转换后，在 ADC 转换结束之前，不改变任何 I/O 口的状态，有利于高精度 ADC 转换。

3. ADC 转换结果寄存器（ADC_RES）

ADC 转换结果寄存器如表 6-6 所示。

1）AUXR1 寄存器的 ADRJ 位是 ADC 转换结果寄存器（ADC_RES、ADC_RESL）的数据格式调整控制位。

2）ADRJ：值为 0 时，10 位 ADC 转换结果的高 8 位存放在 ADC_RES 中，低 2 位存放在 ADC_RESL 的低 2 位中，如表 6-7 所示。值为 1 时，10 位 ADC 转换结果的高 2 位存放在 ADC_RES 的低 2 位中，低 8 位存放在 ADC_RESL 中，如表 6-8 所示。

表 6-6　ADC 转换结果寄存器（ADC_RES)

寄存器	地址	D7	D6	D5	D4	D3	D2	D1	D0
ADC_RES	BDH								
ADC_RESL	BEH								
AUXR1	A2H		PCA_P4	SPI_P4	S2_P4	GF2	ADRJ	—	DPS

表 6-7　ADC 转换结果寄存器数据格式控制（ADRJ＝0）

寄存器	地址	D7	D6	D5	D4	D3	D2	D1	D0
ADC_RES	BDH	ADC_RES9	ADC_RES8	ADC_RES7	ADC_RES6	ADC_RES5	ADC_RES4	ADC_RES3	ADC_RES2
ADC_RESL	BEH							ADC_RES1	ADC_RES0
AUXR1	A2H						ADRJ＝0		

表 6-8　ADC 转换结果寄存器数据格式控制（ADRJ＝1）

寄存器	地址	D7	D6	D5	D4	D3	D2	D1	D0
ADC_RES	BDH							ADC_RES9	ADC_RES8
ADC_RESL	BEH	ADC_RES7	ADC_RES6	ADC_RES5	ADC_RES4	ADC_RES3	ADC_RES2	ADC_RES1	ADC_RES0
AUXR1	A2H						ADRJ＝1		

ADRJ＝0，模-数转换结果计算公式如下：取 10 位结果（ADC_RES[7：0]，ADC_RESL[1：0]）＝$1024 \times V_{in}/V_{CC}$。

ADRJ＝0，模-数转换结果计算公式如下：取 8 位结果（ADC_RES[7：0]＝$256 \times V_{in}/V_{CC}$。

ADRJ＝1，模-数转换结果计算公式如下：取 10 位结果（ADC_RES[1：0]，ADC_RESL[7：0]）＝$1024 \times V_{in}/V_{CC}$。

V_{in} 为模拟输入通道输入电压，V_{CC} 为单片机实际工作电压，用单片机工作电压作为模拟参考电压。

4. 中断允许寄存器 IE

中断允许寄存器 IE 中与中断有关的各位如表 6-9 所示。

表 6-9　中断允许寄存器 IE（A8H）

寄存器	地址	D7	D6	D5	D4	D3	D2	D1	D0
IE	A8H	EA	ELVD	EADC	ES	ET1	EX1	ET0	EX0

5. 中断优先级寄存器 IP

中断优先级寄存器 IP 中与中断有关的各位如表 6-10 所示。

表 6-10　中断优先级寄存器 IP（B8H）

寄存器	地址	D7	D6	D5	D4	D3	D2	D1	D0
IP	B8H	PPCA	PLVD	PADC	PS	PT1	PX1	PT0	PX0
IPH	B7H	PPCAH	PLVDH	PADCH	PSH	PT1H	PX1H	PT0H	PX0H

如果要允许 ADC 转换中断，则需要将特殊功能控制寄存器相应控制位的值置为"1"。具体操作时需要注意如下几点：

1）将 EADC（中断允许寄存器 IE 的 D5 位）置"1"，允许 ADC 中断，这是 ADC 中断的中断控制位。

2）将 EA（中断允许寄存器 IE 的 D7 位）置"1"，打开单片机总中断控制位，此位不打开，也就无法产生 ADC 中断。

3）ADC 中断服务程序中要用软件清 ADC 中断请求标志位，即 ADC 转换控制寄存器（ADC_CONTR）中的 D4 位：ADC_FLAG（也是 ADC 转换结束标志位）。

6.3 项目实施

6.3.1 任务一：简易电压表的实现

一、任务目标

使用 ADC 进行直流电压表转换，并用数码管显示实际电压的数字结果，实现简易数字电压表的功能。要求电压测量范围在 0～5V 之间。

二、硬件原理电路

任务一硬件连线图如图 6-3 所示，此处省略了显示电路，可参照前面章节的显示任务。

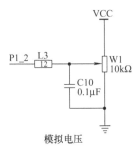

图 6-3　简易电压表 ADC 接口外围电路

三、软件流程

任务一软件流程图如图 6-4 所示。

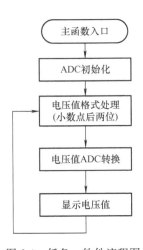

图 6-4　任务一软件流程图

四、参考代码

任务一参考代码如下：
```c
#include <reg51.h>
#define uchar unsigned char
#define uint unsigned int
//-------------------------------------------------
// 对 IAP15W4K58S4 单片机特殊功能寄存器声明
//-------------------------------------------------
sfr ADC_CONTR=0xbc;
sfr ADC_RES=0xbd;
sfr ADC_RESL=0xbe;
sfr P1ASF=0x9d;
//-------------------------------------------------
// 全局变量声明
//-------------------------------------------------
sbit DS = P2^0;
sbit SH_CP = P2^1;
sbit ST_CP = P2^2;
uchar code DSY_CODE[]={0xc0,0xf9,0xa4,0xb0,0x99,0x92,0x82,0xf8,0x80,0x90};
//数码管共阳极
//-------------------------------------------------
//延时函数
//-------------------------------------------------
void Delay(uint x)
{
    uchar i;
    while(x--)
    {
        for(i=0;i<120;i++);            //延时 x×1ms
    }
}
//-------------------------------------------------
//级联 595 数据传送函数
//-------------------------------------------------
void send_595_data(unsigned char send_address,unsigned char send_data)
{
    unsigned char i,j;
    for(i=0;i<8;i++)      //传送位码
```

```
{if(send_address&0x80)
        DS=1;
    else
        DS=0;
    send_address<<=1;
    SH_CP=0;
    SH_CP=1;
    SH_CP=0;
}
for(j=0;j<8;j++)        //传送段码
{
    if(send_data&0x80)
        DS=1;
    else
        DS=0;
    send_data<<=1;
    SH_CP=0;
    SH_CP=1;
    SH_CP=0;
}
ST_CP=0;
ST_CP=1;
ST_CP=0;
}
//-------------------------------------------------
//  ADC 转换
//-------------------------------------------------
uint GET_AD_Result()
{uchar temp;
    uint data_temp;
    data_temp=0;
    ADC_RES=0;
    ADC_RESL=0;
    ADC_CONTR|=0x08;//启动 ADC 转换，ADC_START 置"1"
    re:temp=0x10;
    temp&=ADC_CONTR;
    if(temp==0)
    goto re;//查询 ADC_FLAG 的状态，1 表示 ADC 转换结束，0 表示 ADC 还在转换过程中
    ADC_CONTR=0x82;
```

```
data_temp=ADC_RES;
data_temp=data_temp<<2;
data_temp+=ADC_RESL;    //ADC 数字量结果输出
return data_temp;}
//-------------------------------------------------
//  主函数
//-------------------------------------------------
void main()
{  uint result,temp,i,a,c;
   uchar aa[3]={0,0,0};
   P1ASF=0x04;     //选用 P1.2 作为 ADC 接口
   ADC_CONTR=0x82;//选择通道 2,ADC_power 置 1,P1.2 作为模拟输入
   while(1)
   {result=GET_AD_Result();
   aa[0]=result * 5/1023;
   temp=result * 5%1023;
   temp=temp * 10;
   aa[1]=temp/1023;
   temp=temp%1023;
   temp=temp * 10;
   aa[2]=temp/1023;
   a=0xfe;
   for(i=0;i<3;i++)
   {c=DSY_CODE[aa[i]];
   if(i==0) c=c&0x7f;
   send_595_data(a,c);
   Delay(1);
   a=(a<<1)|0x01;
   }   }}
```

6.3.2　任务二：用 ADC 实现按键识别

一、任务目标

用单片机（Microcontroller Unit，MCU）的 P1.0 端口接 ADC 按键输入口，每个键按下后从 P1.0 输出不同的电压，单片机采样不同的电压确定是哪个键被按下。

二、硬件原理电路

任务二硬件连线图如图 6-5 所示。

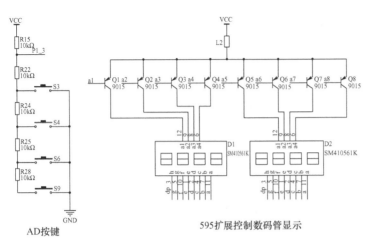

图 6-5　分压键盘原理图

三、软件流程

任务二分压键盘识别处理流程图如图 6-6 所示。

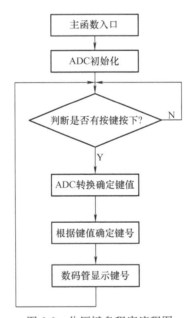

图 6-6　分压键盘程序流程图

四、参考代码

任务二参考代码如下：

```
#include <reg51.h>
#define uchar unsigned char
#define uint unsigned int
sbit DS = P2^0；
```

```
sbit SH_CP = P2^1；
sbit ST_CP = P2^2；
uchar code DSY_CODE[]={    0xc0,0xf9,0xa4,0xb0,0x99,0x92,0x82,0xf8,0x80,0x90}；
// 共阳极数码管
//-------------------------------------------------
//  对 IAP15W4K58S4 单片机特殊功能寄存器声明
//-------------------------------------------------
sfr ADC_CONTR=0xbc；
sfr ADC_RES=0xbd；
sfr ADC_RESL=0xbe；
sfr P1ASF=0x9d；
//-------------------------------------------------
//延时函数
//-------------------------------------------------
void Delay(uint x)
{   uchar i；
    while(x——)
    {for(i=0；i<120；i++)；    //延时 x×1ms
}}
//-------------------------------------------------
//级联 595 数据传送函数
//-------------------------------------------------
void send_595_data(unsigned char send_address,unsigned char send_data)
{
unsigned char i,j；
for(i=0；i<8；i++)    //传送位码
{
    if(send_address&0x80)    //10000000
        DS=1；
    else
        DS=0；
    send_address<<=1；
    SH_CP=0；
    SH_CP=1；
    SH_CP=0；
}
for(j=0；j<8；j++)    //传送段码
{
```

```
            if(send_data&0x80)
                DS=1;
            else
                DS=0;
            send_data<<=1;
            SH_CP=0;
            SH_CP=1;
            SH_CP=0;
    }
    ST_CP=0;
    ST_CP=1;
    ST_CP=0;
}
//- - - - - - - - - - - - - - - - - - - - - - - - - - - - - - - - - - - - - -
//   ADC 转换
//- - - - - - - - - - - - - - - - - - - - - - - - - - - - - - - - - - - - - -
uint GET_AD_Result()
  {uchar temp;
     uint data_temp;
data_temp=0;
ADC_RES=0;
ADC_RESL=0;
ADC_CONTR|=0x08;//启动 A-D 转换，ADC_START 置"1"
re:temp=0x10;
temp&=ADC_CONTR;
if(temp==0)
goto re;    //查询 ADC_FLAG 的状态，1 表示 ADC 转换结束，0 表示 ADC 还在转换过程中
ADC_CONTR=0x83;
data_temp=ADC_RES;
data_temp=data_temp<<2;
data_temp+=ADC_RESL;    //ADC 数字量结果输出
     return data_temp;
}
//- - - - - - - - - - - - - - - - - - - - - - - - - - - - - - - - - - - - - -
//   判断按键函数
//- - - - - - - - - - - - - - - - - - - - - - - - - - - - - - - - - - - - - -
unsigned char scan_key()
    {
```

```
    uint key_value;
P1ASF=0x08;        //选用 P1.3 作为 ADC 接口
ADC_CONTR=0x83;// 选择通道 3，ADC_power 置 1，P1.3 作为模拟输入
    key_value=GET_AD_Result();
    if(key_value>900) return (0);
      if(key_value>800) return (1);
        if(key_value>750) return (2);
          if(key_value>650) return (3);
            if(key_value>500) return (4);
    }
//-------------------------------------------------
//  主函数
//-------------------------------------------------
void main()
{
unsigned char key;
    while(1)
{
    key=scan_key();
    if(key)                 //有键按下
      {
      Delay(10);            //延时 10ms
      key=scan_key();    //去除抖动
      if(key)
      {
      switch(key)           //键按下时 4 种键值显示
      {
      case 1：send_595_data(0xfe,DSY_CODE[1]);break;
      case 2：send_595_data(0xfe,DSY_CODE[2]);break;
      case 3：send_595_data(0xfe,DSY_CODE[3]);break;
      case 4：send_595_data(0xfe,DSY_CODE[4]);break;
          }} }
      else              //无键按下
    {
    send_595_data(0xfe,DSY_CODE[0]);        //键松开状态显示 0
    }
}}
```

习　　题

一、填空题

1. _____ 和 _____ 主要用于中低速、中等精度的数据采集和智能仪器中；分级型和流水型 ADC 主要应用于 _____；Σ-Δ 型 ADC 主要应用于 _____。

2. ADC 转换过程一般包括 _____ 和 _____。量化时所规定的最小数量单位叫作 _____，用 Δ 表示。

3. ADC 转换性能指标有：_____ 、 _____ 、 _____ 、 _____ 、 _____ 和输出逻辑电平。

二、简答题

1. ADC 在单片机应用系统中起到的作用是什么？

2. 逐次逼近型 ADC 的工作原理是什么？

3. IAP15W4K58S4 单片机 ADC 转换模块的特殊功能控制寄存器有哪些？有什么作用？

4. IAP15W4K58S4 单片机 ADC 转换模块初始化流程是什么？

三、编程题

利用 STC 单片机内部 ADC 转换模块实现电压测量（0～100V），设计一个量程转换的电路，满足单片机 ADC 输入 0～5V 的要求。

1. 写出电压表中实现 ADC 转换的程序段。

2. 写出电压表中将 ADC 转换后的数字量转变成显示电压值（数据处理）的程序段。

项目七　实现串口通信

7.1　项目说明

项目七实现串口通信包含两个子任务，任务一：单片机与 PC 通信；任务二：双机通信。这些任务都是应用 IAP15W4K58S4 单片机最小系统板实现串口通信的应用控制。

该项目的学习目标和技能要求如下：

学习目标：

➢ 了解串行通信的基本知识。

➢ 掌握串口的工作方式。

➢ 掌握波特率的计算。

➢ 掌握串口工作方式的应用。

➢ 掌握双机通信时的硬件接线原理及实现。

➢ 掌握串口设置的初始化流程及实现。

➢ 掌握程序调试的基本方法和技巧。

技能目标：

➢ 会对串口进行初始化。

➢ 会计算串口通信波特率。

➢ 能够对工作任务进行分析，找出相应的算法，绘制流程图。

➢ 能够根据流程图编写程序。

➢ 能够实现单片机与单片机之间、单片机和 PC 之间的通信。

7.2　知识准备

7.2.1　串行通信概述

一、通信概述

在单片机控制系统中，单片机与外部设备、单片机与单片机或者计算机与单片机之间经常要进行信息交换，这些信息交换称为通信。基本的通信方式有并行通信和串行通信两种。

并行通信是指各个数据位同时进行传输的数据通信方式，因此有多少个数据位，就需要多少根数据线。在计算机内部数据通常采用并行通信方式，比如在计算机系统中 CPU 与寄存器之间采用并行数据传输。并行数据传输速度快、效率高，但传输距离近，通常只适合

30m 距离内的数据传输。

串行数据传输按位顺序进行，最少只需要一根传输线即可完成。因此串行通信传输速度慢、效率低，但传输距离远，而且可使用现有的通信通道（如电话线、各种网络等），故在集散控制系统等远距离通信中使用很广。

51 单片机内有 4 个并行 I/O 口用于并行通信、一个全双工 UART（异步串行通信接口）用于串行通信。本项目主要介绍串口的应用。

二、串行通信基本通信方式

根据同步时钟提供的不同，串行通信可分为异步串行（或称为异步）和同步串行两种通信方式。在单片机中大都使用异步串行通信。

1. 异步串行通信方式

异步串行通信是指通信的发送方与接收方使用各自的时钟控制数据的发送和接收，为使双方收、发协调，要求发送和接收设备的时钟尽可能一致。异步串行通信时只需要一条通信线路就可以实现从一方到另一方的数据传输，两条线路则可以实现数据的双向传输。

在异步串行通信中，数据通常是以字符为单位进行传输的，一个字符完整的通信格式，通常称为帧或帧格式。发送端逐帧发送，接收端逐帧接收。异步串行通信时，发送方先发送 1 位起始位 "0"，然后是 5～8 位数据，规定低位在前，高位在后，其后是奇偶校验位（可无），最后是停止位 "1"。从起始位开始到停止位结束，构成完整的一帧字符。帧是一个字符的完整通信格式，因此也就把串行通信的字符格式称为帧格式。帧格式一般由起始位、数据位、奇偶校验位和停止位 4 部分组成。

异步串行通信时，由于字符的发送是随机进行的，对接收方来讲必须要有一个判别何时有字符传送到，即何时有一个字符开始的问题，因此在异步串行通信时对传输的字符必须要规定格式。异步串行通信的数据格式如图 7-1 所示。

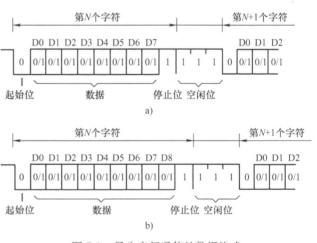

图 7-1 异步串行通信的数据格式

（1）异步串行通信各位的作用

起始位：发送器通过发送起始位而开始一个字符的传输。起始位使数据线处于逻辑 "0" 状态。

数据位：起始位之后就传输数据位。在数据位中，低位在前（左），高位在后（右）。数据位可以是 5 位、6 位、7 位或 8 位。

奇偶校验位：用于对字符传输进行正确性检查。共有 3 种可能，即奇校验、偶校验和无校验。

停止位：停止位在最后，用以标志一个字符传输的结束，它对应于逻辑 "1" 状态。停止位可能是 1 位、1.5 位或 2 位。

在实际应用中通信的双方根据需要，在通信发生之前确定上述内容。

（2）异步串行通信的主要特点

异步串行通信的各单片机时钟相互独立，其时钟频率可以不相同，在通信时不要求有同步时钟信号，易实现；异步串行通信以帧为单位进行传输，而帧有固定格式，通信双方只需按约定的帧格式来发送和接收数据，因此，硬件结构比同步串行通信方式简单；此外，它还能利用校验位检测错误，所以在单片机与单片机、单片机与计算机之间仍广泛采用异步串行通信。

异步串行通信的缺点是传输效率低。当采用 1 位起始位、8 位数据位、1 位奇偶校验位与 1 位停止位的帧格式时，有效数据仅占到了一帧字符的 73%。数据位减少时，传输效率更低。

2. 同步串行通信方式

在同步串行通信中，每一数据块开头时发送一个或两个同步字符，使发送与接收双方取得同步。数据块的各个字符间，取消了每一个字符的起始位和停止位，所以通信速度得以提高，如图 7-2 所示。同步串行通信时，如果发送的数据块之间有间隔时间，则发送同步字符填充。

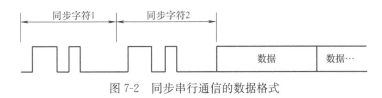

图 7-2 同步串行通信的数据格式

同步串行通信的主要特点：同步串行通信以数据块为单位传输，去掉了每个字符都必须具有的开始和结束标志，且一次可以发送一个数据块（多个数据），因此同步串行通信的速度高于异步串行通信。由于这种方式易于进行串行外围扩展，所以目前很多型号的单片机都增加了同步串行通信接口，如目前已得到广泛应用的 I^2C 串行总线和 SPI 串行接口等。

短距离同步串行通信时发送、接收方均采用两条通信线，其中一条用于由发送方向接收方提供时钟信号，另一条用于传输数据。再多加两条通信线，可以实现数据的双向传输，51 单片机不支持数据的双向同步串行传输，只能分时复用两条通信线。

同步串行通信要求发送方和接收方的时钟严格保持同步，在通信时通常要求有同步时钟信号，对硬件结构要求高，所以较少使用。

三、串行通信的数据通路形式

根据同一时刻串行通信的数据传输方向，串行通信可分为以下三种数据通路形式。

1. 单工（Simplex）形式

单工形式的数据传输是单向的，通信双方中一方固定为发送端，另一方则固定为接收端。单工形式的串行通信只需要一条数据线，如图 7-3a 所示。例如计算机与打印机之间的串行通信就是单工形式，因为只能是计算机向打印机传输数据，而不可能有相反方向的数据传输。

2. 半双工（Half-duplex）形式

半双工形式的数据传输是双向的，但任何时刻只能由其中的一方发送数据，另一方接收数据。因此半双工形式既可以使用一条数据线，也可以使用两条数据线，如图 7-3b 所示。

3. 全双工（Full-duplex）形式

全双工形式的数据传输是双向的，且可以同时发送和接收数据，因此全双工形式的串行通信需要两条数据线，如图 7-3c 所示。

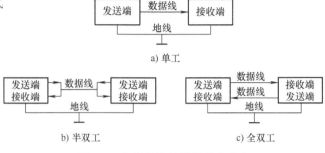

图 7-3 串行通信的数据通路形式

四、RS-232C 总线标准

RS-232C 标准是美国 EIA（电子工业协会）与 BELL 等公司一起开发的于 1969 年公布的通信协议，它规定了串行数据传输的连接电缆、机械特性、电气特性、信号功能及传输过程的标准。RS-232C 总线是在异步串行通信中应用最广泛的标准总线。

当前几乎所有计算机都使用符合 RS-232C 传输协议的串行通信接口。RS-232C 接口通向外部的连接器（插针和插座）是一种标准的 25 针 D 形连接器。目前，绝大多数计算机采用 9 针 D 形连接器。9 针 D 形连接器（DB-9）如图 7-4 所示。DB-9 的引脚定义如表 7-1 所示。

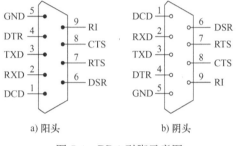

图 7-4 DB-9 引脚示意图

表 7-1 DB-9 连接器引脚定义

引脚	信号名	功　　能	引脚	信号名	功　　能
1	DCD	载波检测	6	DSR	数据准备完成
2	RXD	接收数据	7	RTS	发送请求
3	TXD	发送数据	8	CTS	发送清除
4	DTR	数据终端准备就绪	9	RI	振铃指示
5	GND	信号地线			

由于 RS-232C 接口标准的接收器和发送器之间有公共地，不可能使用双端信号（差分信号），只能传输单端信号，这样，共模噪声就会耦合到系统中。传输距离越长，干扰越严重。因此，为了可靠地传输信息，不得不增加信号幅度。RS-232C 标准规定，采用负逻辑 EIA 电平，逻辑"1"电平为 $-5 \sim -3V$，逻辑"0"电平为 $+3 \sim +15V$，传输距离在 15m 之内；数据传输速率局限在 20kbit/s 以下，其传输速率主要有：50bit/s、75bit/s、110bit/s、150bit/s、300bit/s、600bit/s、1200bit/s、2400bit/s、4800bit/s、9600bit/s、19200bit/s。

7.2.2 IAP15W4K58S4 单片机串口

IAP15W4K58S4 单片机芯片内部有四个 UART 串行接口（串口 1、串口 2、串口 3、串口 4），它们是可编程的全双工异步串行通信接口。通过软件编程可以设置为通用异步接收和发送器，也可设置为同步移位寄存器，还可实现多机通信。有 8 位、10 位和 11 位三种帧格式，并能设置各种波特率，使用灵活、方便。

串口 1 对应的硬件部分是 TxD 和 RxD。串口 1 可以在 3 组引脚之间进行切换。通过设置特殊功能寄存器 AUXR1/P _ SW1 中的位 S1 _ S1/AUXR1.7 和 S1 _ S0/ P _ SW1.6，可以将串口 1 从 [RxD/P3.0，TxD/P3.1] 切换到 [RxD _ 2/P3.6，TxD _ 2/P3.7]，还可以切换到 [RxD _ 3/P1.6/XTAL2，TxD _ 3/P1.7/XTAL1]。当串口 1 在 [RxD _ 2/P1.6，TxD _ 2/P1.7] 时，系统要使用内部时钟。复位后串口 1 占用 P3.0（串行数据接收端 RxD）和 P3.1（串行数据发送端 TxD）两个引脚，和传统 8051 一致。

串口 2 对应的硬件部分是 TxD2 和 RxD2。串口 2 可以在 2 组引脚之间进行切换。通过设置特殊功能寄存器 P _ SW2 中的位 S2 _ S/P _ SW2.0，可以将串口 2 从 [RxD2/P1.0，TxD2/P1.1] 切换到 [RxD2 _ 2/P4.6，TxD2 _ 2/P4.7]。

串口 3 对应的硬件部分是 TxD3 和 RxD3。串口 3 可以在 2 组引脚之间进行切换。通过设置特殊功能寄存器 P _ SW2 中的位 S3 _ S/P _ SW2.1，可以将串口 3 从 [RxD3/P0.0，TxD3/P0.1] 切换到 [RxD3 _ 2/P5.0，TxD3 _ 2/P5.1]。

串口 4 对应的硬件部分是 TxD4 和 RxD4。串口 4 可以在 2 组引脚之间进行切换。通过设置特殊功能寄存器 P _ SW2 中的位 S4 _ S/P _ SW2.2，可以将串口 4 从 [RxD4/P0.2，TxD4/P0.3] 切换到 [RxD4 _ 2/P5.2，TxD4 _ 2/P5.3]。

下面介绍兼容传统 8051 的串口 1 的结构和相关寄存器。

一、IAP15W4K58S4 单片机串口 1 的结构

51 单片机串口结构框图如图 7-5 所示。它主要由发送/接收缓冲寄存器 SBUF、输入移位寄存器、发送控制器、接收控制器以及串口控制寄存器 SCON 等组成。

串口控制寄存器 SCON 用于设置串口的工作方式、接收/发送控制以及设定状态标志等；发送缓冲寄存器 SBUF 用于存放准备串行发送的数据；接收缓冲寄存器 SBUF 用于接收由外设输入到输入移位寄存器中的数据；定时器 T1 作为波特率发生器。

在进行串行通信时，外部数据通过引脚 RXD（串行数据接

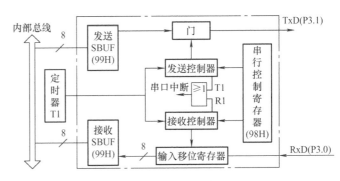

图 7-5 串口结构框图

收端 P3.0）输入，输入数据首先逐位进入输入移位寄存器，将串行转换为并行数据，然后再送入接收缓冲寄存器 SBUF。接收时，由输入移位寄存器和接收缓冲 SBUF 构成双缓冲结构，以避免在接收到第 2 帧数据时，CPU 未及时响应接收寄存器前一帧的中断请求，没把前一帧数据读走，而造成两帧数据重叠的错误。

在发送数据时，串行数据通过引脚 TXD（串行数据发送端 P3.1）输出。由于 CPU 是主动的，因此不会产生写重叠问题，不需要双缓冲器结构。要发送的数据通过发送控制器控制逻辑门电路逐位输出。

二、控制串口 1 的特殊功能寄存器

与串口 1 工作有关的特殊功能寄存器有 SBUF、SCON、PCON；与串口中断有关的特殊功能寄存器有 IE 和 IP。

1. 发送/接收缓冲寄存器 SBUF

发送与接收缓冲寄存器 SBUF 在特殊功能寄存器中共用同一个字节地址 99H，且共用一个名称，但在物理上是两个独立的寄存器，可以同时发送、接收数据。CPU 通过指令决定访问哪一个寄存器，执行写指令时，访问发送缓冲寄存器；执行读指令时，访问接收缓冲寄存器。该寄存器只能字节寻址，单片机复位后，SBUF＝0。

2. 串口控制寄存器 SCON

串口控制寄存器 SCON 用于串口工作方式设定、接收和发送控制等。在特殊功能寄存器中，SCON 的字节寻址为 98H，位地址（由低位到高位）分别是 98H～9FH，该寄存器可以位寻址。单片机复位后，SCON＝0。SCON 的格式如表 7-2 所示。

表 7-2　串口控制寄存器 SCON（98H）

位序号	D7	D6	D5	D4	D3	D2	D1	D0
位名称	SM0	SM1	SM2	REN	TB8	RB8	TI	RI
位地址	9FH	9EH	9DH	9CH	9BH	9AH	99H	98H

SM0、SM1——串口工作方式选择位。串口有四种工作方式，由用户设置，如表 7-3 所示。

表 7-3　串口的工作方式

SM0	SM1	工作方式	功　　能	波　特　率
0	0	方式 0	8 位同步移位寄存器（用于扩展 I/O 口）	$F_{osc}/12$
0	1	方式 1	10 位异步接收/发送（8 位数据）	可变（由 T1 的溢出率控制）
1	0	方式 2	11 位异步接收/发送（9 位数据）	$F_{osc}/64$ 和 $F_{osc}/32$
1	1	方式 3	11 位异步接收/发送（9 位数据）	可变（由 T1 的溢出率控制）

SM2——多机通信控制位，由用户设置，用于方式 2 和方式 3。SM2＝0 时，单片机通信；SM2＝1 时，多机通信。

当 SM2＝1，允许多机通信时，如果接收到的第 9 位 RB8 为 0，则 RI 不置 1，不接收主机发来的数据；只有当 SM2＝1，且 RB8 为 1 时，才能将 RI 置 1，产生中断请求，将接收到的 8 位数据送入 SBUF。

当 SM2＝0 时，不论 RB8 为 0 还是 1，都将接收到的 8 位数据送入 SBUF，并产生中断。

REN——接收允许位，由用户设置。REN＝1 时，允许接收；REN＝0 时，禁止接收。

TB8——发送数据的第 9 位，由用户设置，用于方式 2 或方式 3。双机通信时，约定为奇偶校验位；多机通信时，用以区分地址帧或数据帧。TB8＝1 时，发送的是地址帧；TB8＝0 时，发送的是数据帧。方式 0 和方式 1 中未用该位。

RB8——接收数据的第 9 位，由用户设置，用于方式 2 或方式 3。双机通信时，约定为

奇偶校验位；多机通信时，用以区分地址帧或数据帧。RB8＝1时，接收到的是地址帧；RB8＝0时，接收到的是数据帧；方式0中未用该位；方式1中，如果SM2＝0，则RB8为接收到的停止位。

TI——发送中断标志，由硬件置位、用户清除。方式0中，发送完8位数据后，由硬件置位；其他方式中，在发送停止位之初，由硬件置位。TI＝1时，可向CPU申请中断，也可供软件查询。无论任何方式，都必须由用户软件清除TI。

RI——接收中断标志位，由硬件置位、用户清除。方式0中，接收完8位数据后，由硬件置位；其他方式中，在接收停止位的中间，由硬件置位。RI＝1时，可向CPU申请中断，也可供软件查询用。无论任何方式，都必须由用户软件清除RI。

3. 电源控制寄存器 PCON

电源控制寄存器PCON主要用于电源控制。在特殊功能寄存器中，PCON的字节地址为87H，该寄存器不能位寻址。单片机复位后，PCON＝0。PCON的格式如表7-4所示。在电源控制寄存器PCON中，只有最高位SMOD对串行通信有影响。

表 7-4　电源控制寄存器 PCON（87H）

位序号	D7	D6	D5	D4	D3	D2	D1	D0
位名称	SMOD	—	—	—	GF1	GF0	PD	IDL

SMOD——波特率倍增控制位，由用户设置。当SMOD＝1时，波特率加倍；当SMOD＝0时，波特率不变。

4. 中断允许寄存器 IE

中断源虽然发出了中断请求，置位中断标志，但是单片机是否响应中断申请以及响应哪一个中断源的申请，还要由中断允许寄存器IE来控制。IE采用二级控制，即CPU总允许（EA）与源允许（ES）。IE在特殊功能寄存器中，字节地址为A8H，位地址（由低位到高位）分别是A8～AFH，该寄存器可以位寻址。单片机复位后，IE－0，禁止中断。IE中与中断有关的各位如表7-5所示。

表 7-5　中断允许寄存器（A8H）

位序号	D7	D6	D5	D4	D3	D2	D1	D0
位名称	EA	—	ET2	ES	ET1	EX1	ET0	EX0

EA——中断允许总控制位。当EA＝1时，CPU开中断，即CPU允许中断源申请中断。各中断源是否开中断还要由各中断源允许位决定。注意：此处"开"是允许的意思。

当EA＝0时，CPU关中断，即CPU禁止中断源申请中断。注意：此处"关"是禁止的意思。

ET2——定时器/计数器T2中断允许位（仅52单片机）。当ET2＝1时，T2开中断；当ET2＝0时，T2关中断。

ES——串口中断允许位。当ES＝1时，串口开中断；当ES＝0时，串口关中断。

ET1——定时器/计数器T1中断允许位。当ET1＝1时，T1开中断；当ET1＝0时，T1关中断。

EX1——外部中断 1 中断允许位。当 EX1＝1 时，外部中断 1 开中断；当 EX1＝0 时，外部中断 1 关中断。

ET0——定时器/计数器 T0 中断允许位。当 ET0＝1 时，T0 开中断；当 ET0＝0 时，T0 关中断。

EX0——外部中断 0 中断允许位。当 EX0＝1 时，外部中断 0 开中断；当 EX0＝0 时，外部中断 0 关中断。

5. 中断优先级寄存器 IP

中断优先级寄存器 IP 用于管理各中断源的中断优先级，采用二级优先级：高优先级和低优先级。在特殊功能寄存器中，IP 的字节地址为 B8H，位地址（由低位到高位）分别是 B8H～BFH，该寄存器可以位寻址。单片机复位后，IP＝0，各中断源均为低优先级。IP 中与中断有关的各位如表 7-6 所示。

表 7-6 中断优先级寄存器 IP（B8H）

位序号	D7	D6	D5	D4	D3	D2	D1	D0
位名称	—	—	PT2	PS	PT1	PX1	PT0	PX0

PT2——定时器/计数器 T2 中断优先级控制位。当 PT2＝1 时，T2 定义为高优先级中断；当 PT2＝0 时，T2 定义为低优先级中断。

PS——串口中断优先级控制位。当 PS＝1 时，串口定义为高优先级中断；当 PS＝0 时，串口定义为低优先级中断。

PT1——定时器/计数器 T1 中断优先级控制位。当 PT1＝1 时，T1 定义为高优先级中断；当 PT1＝0 时，T1 定义为低优先级中断。

PX1——外部中断 1 中断优先级控制位。当 PX1＝1 时，外部中断 1 定义为高优先级中断；当 PX1＝0 时，外部中断 1 定义为低优先级中断。

PT0——定时器/计数器 T0 中断优先级控制位。当 PT0＝1 时，T0 定义为高优先级中断；当 PT0＝0 时，T0 定义为低优先级中断。

PX0——外部中断 0 中断优先级控制位。当 PX0＝1 时，外部中断 0 定义为高优先级中断；当 PX0＝0 时，外部中断 0 定义为低优先级中断。

7.2.3 串行通信工作方式

51 单片机的串口有四种工作方式，由串口控制寄存器 SCON 中 SM0、SM1 两位进行设置。

一、方式 0

采用方式 0 时，串口作为 8 位同步移位寄存器，在发送数据时，SBUF 相当于一个并行输入、串行输出的移位寄存器；在接收数据时，SBUF 相当于一个串行输入、并行输出的移位寄存器。方式 0 时一帧字符为 8 位，先发送或接收最低位，其帧格式如下：

…	D0	D1	D2	D3	D4	D5	D6	D7	…

这种方式常用于扩展 I/O 口，波特率固定为 $f_{osc}/12$。由不同的指令实现输入或输出，串口数据由 RXD（P3.0）输入或输出，由 TXD（P3.1）提供同步移位脉冲。发送与接收过程如下。

1. 数据的发送、接收过程

1）发送。将某一字节数据写入 SBUF 时，由 TXD 输出同步移位脉冲，由 RXD 发送 SBUF 中的数据（低位在前），波特率为 $f_{osc}/12$；8 位数据发送完成后，由硬件将发送中断标志位 TI 置 1，中断方式时向 CPU 申请中断；在中断服务函数中，先由用户将 TI 清"0"，然后再给 SBUF 送入下一个待发送的字符。

2）接收。由于 REN 是串口允许接收控制位。在 RI＝0 时，先要由用户软件置 REN 为 1，允许接收数据。然后读取 SBUF，由 TXD 输出同步移位脉冲，CPU 从 RXD 端接收串行数据（低位在前），波特率为 $f_{osc}/12$；当接收到 8 位数据时，由硬件将接收中断标志 RI 置位为 1，中断方式时向 CPU 申请中断；在中断服务函数中，先由用户将 R1 清"0"，然后读取 SBUF。

采用方式 0 时，串口控制寄存器 SCON 中的 SM2 必须为 0，TB8 和 RB8 位未使用。每当发送或接收完 8 位数据时，由硬件将发送中断 TI 或接收中断 RI 标志置位，不管是中断方式还是查询方式，硬件都不会清除 TI 或 RI 标志，必须由用户软件清"0"。

方式 0 主要用于扩展单片机的并行 I/O 口。

2. 波特率

采用方式 0 时，每个机器周期发送或接收 1 位数据，因此，波特率固定为时钟频率的 1/12，且不受 SMOD 的影响。

二、方式 1

采用方式 1 时，串口为 10 位通用异步串行通信接口。发送或接收的一帧字符，包含 1 位起始位 0、8 位数据位和 1 位停止位 1。其帧格式如下：

| … | 0 | D0 | D1 | D2 | D3 | D4 | D5 | D6 | D7 | 1 | … |

起始位　　　　　　　　　　　　　　　　　　　　　　　　　　停止位

波特率由 T1 的溢出率决定，由用户设置。采用方式 1 时 TXD 为数据发送端，RXD 为数据接收端，发送与接收过程如下。

1. 数据的发送、接收过程

1）发送。将某一字节数据写入发送缓冲寄存器 SBUF 时，数据从引脚 TXD（P3.1）端异步发送，发送完一帧数据后，由硬件将发送中断标志 TI 置位为"1"，中断方式时向 CPU 申请中断，通知 CPU 发送下一个数据；在中断服务函数中，先由用户将 TI 清"0"，然后再给 SBUF 送入下一个待发送的字符。

2）接收。在 RI＝0 时，先要由用户软件置 REN 为"1"，允许接收数据；串口采样引脚 RXD（P3.0），当采样到 1 至 0 的跳变时，表示接收起始位 0，开始接收一帧数据，当停止位到来时，将停止位送至 RB8，同时，由硬件将接收中断标志 RI 置位为"1"，中断方式时向 CPU 申请中断，通知 CPU 从 SBUF 取走接收到的一个数据；在中断服务函数中，先由用户将 R1 清"0"，然后读取 SBUF。

不管是中断方式，还是查询方式，都不会清除 TI 或 RI 标志，必须由用户软件清"0"。

通常在单片机与单片机双机串口通信、单片机与计算机串口通信、计算机与计算机串口通信时，都可以选择方式 1。

2. 波特率

串口方式 1 和方式 3 的波特率是由定时器 T1 的溢出率与 SMOD 值共同决定的，即

$$\text{方式 1 和方式 3 的波特率} = (2^{\text{SMOD}}/32) \times \text{T1 溢出率}$$

其中，T1 的溢出率就是 T1 定时器溢出的频率，只要计算出 T1 定时器每溢出一次所需要的时间 T，那么 $1/T$ 就是 T1 的溢出率。例如，T1 每 10ms 溢出一次时，它的溢出率就是 100Hz，将 100Hz 代入方式 1 和方式 3 的波特率计算公式，就可以计算出相应的波特率。但是在串口应用时，常常需要根据波特率计算计数器 T1 的初值。

当定时器 T1 作波特率发生器使用时，通常是选用 8 位自动重装载方式，即方式 2。在方式 2 中，TL1 用作计数，而 TH1 用于存放自动重装载所需的初值，因此初始化时装入 TH1、TL1 的初值必须是相同的，然后启动定时器 T1，TL1 寄存器便在时钟的作用下开始加 1，当 TL1 计满溢出后，CPU 会自动将 TH1 中的初值重新装入 TL1，继续计数。当定时器 T1 作波特率发生器时，溢出后中断服务函数中并无任何事情可做，因此为了避免因溢出而产生不必要的中断，可禁止 T1 中断。

溢出周期 T 为

$$T = (12/f_{\text{osc}}) \times (256 - \text{初值})$$

溢出率为溢出周期的倒数，所以

$$\text{波特率} = \frac{2^{\text{SMOD}}}{32} \times \frac{f_{\text{osc}}}{12 \times (256 - \text{初值})}$$

则定时器 T1 方式 2 的初值为

$$\text{初值} = 256 - \frac{f_{\text{osc}} \times 2^{\text{SMOD}}}{384 \times \text{波特率}}$$

51 单片机控制系统中，当晶振为 11.0592MHz 时，不管串口波特率为何值，只要是标准通信速率，计算出的定时器 T1 初值都会非常准确。若采用 12MHz 或 6MHz 的晶振，定时器 T1 的定时初值不会是一个整数。

例如，系统晶振频率为 11.0592MHz 时，波特率为 9600bit/s，当 SMOD=0 时，定时器 T1 的初值为

$$\text{初值} = 256 - \frac{f_{\text{osc}} \times 2^{\text{SMOD}}}{384 \times \text{波特率}} = 256 - \frac{11.0592 \times 10^6 \times 2^0}{384 \times 9600} = 253 = \text{FDH}$$

常用串口波特率与定时器初值如表 7-7 所示。

表 7-7　常用串口波特率与定时器初值

波特率 /(bit/s)	晶振/MHz	初　值		误差 （%）	晶振 /MHz	初　值		误差（%）	
		SMOD=0	SMOD=1			SMOD=0	SMOD=1	SMOD=0	SMOD=1
300	11.0592	A0H	40H	0	12	98H	30H	0.16	0.16
600	11.0592	D0H	A0H	0	12	CCH	98H	0.16	0.16
1200	11.0592	E8H	D0H	0	12	E6H	CCH	0.16	0.16
1800	11.0592	F0H	E0H	0	12	EFH	DDH	2.12	−0.79

（续）

波特率 /(bit/s)	晶振/MHz	初 值		误差 （%）	晶振 /MHz	初 值		误差（%）	
		SMOD=0	SMOD=1			SMOD=0	SMOD=1	SMOD=0	SMOD=1
2400	11.0592	F4H	E8H	0	12	F3H	E6H	0.16	0.16
3600	11.0592	F8H	F0H	0	12	F7H	EFH	−3.55	2.12
4800	11.0592	FAH	F4H	0	12	F9H	F3H	−6.99	0.16
7200	11.0592	FCH	F8H	0	12	FCH	F7H	8.51	−3.55
9600	11.0592	FDH	FAH	0	12	FDH	F9H	8.51	−6.99
14400	11.0592	FEH	FCH	0	12	FEH	FCH	8.51	8.51
19200	11.0592	—	FDH	0	12	—	FDH	—	8.51
28800	11.0592	FFH	FEH	0	12	FFH	FEH	8.51	8.51

三、方式 2 和方式 3

方式 2 和方式 3 均为 11 位异步串行通信方式，除了波特率的设置方法不同外，其余完全相同。方式 2 的波特率固定，由 PCON 中的 SMOD 位选择；方式 3 的波特率由 T1 溢出率控制。这两种方式发送/接收的一帧字符为 11 位，包含 1 位起始位 0、8 位数据位、1 位可编程位（TB8/RB8）和 1 位停止位 1。其帧格式如下：

…	0	D0	D1	D2	D3	D4	D5	D6	D7	D8	1…

起始位   TB8/RB8 停止位

采用方式 2 和方式 3 时，TXD 为数据发送端，RXD 为数据接收端，发送与接收过程如下。

1. 数据的发送、接收过程

1) 发送。发送前，首先根据通信协议由软件设置 TB8（如作奇偶校验位或地址/数据标识位），然后将要发送的数据写入发送缓冲寄存器 SBUF。在发送时，串口自动将已定义的 TB8 位加入待发送的 8 位数据之后作为第 9 位，组成一帧完整字符后，由 TXD 端异步发送。发送完一帧数据后，由硬件将发送中断标志位 T1 置 "1"，中断方式时向 CPU 申请中断，通知 CPU 发送下一个数据；在中断服务函数中，先由用户将 T1 清 "0"，然后再给 SBUF 送入下一个待发送字符。

2) 接收。当 RI=0 时，先要由用户软件置 REN 为 "1"，允许接收数据，将接收数据的第 9 位送入 RB8，由 SM2 和 RB8 决定该数据能否接收。

当 SM2=0 时，不管 RB8 为 0 还是为 1，RI 都置 "1"，串口无条件接收。

当 SM2=1 时，是多机通信方式，接收到的 RB8 是地址/数据标志位。

当 RB8=1 时，表示接收的是地址帧，此时由硬件将 RI 置 "1"，串口将接收发来的地址；当 RB8=0 时，表示接收的是数据帧。对于 SM2=1 的从机，RI 不置 "1"，数据丢失；对于 SM2=0 的从机，串口自动接收数据。

在方式 2 和方式 3 中，不管是中断方式，还是查询方式，都不会清除 T1 或 RI 标志。在发送和接收之后，必须由用户软件清除 TI 和 RI。

方式 2 和方式 3 主要用于多机通信。

2. 波特率

方式 2 的波特率取决于 PCON 中最高位 SMOD，它是串口波特率倍增位。复位后，SMOD=0。当 SMOD=1 时，波特率加倍，为 f_{osc} 的 1/32；当 SMOD=0 时，波特率为 f_{osc} 的 1/64。即方式 2 的波特率=$(2^{SMOD}/64) \times f_{osc}$。

方式 3 的波特率计算方法与方式 1 相同。

7.2.4 双机通信和多机通信

一、双机通信

单片机的双机通信根据发送方与接收方之间的距离可分为短距离和长距离通信。1m 之内为短距离通信，1000m 左右为长距离通信。若要更长距离，如几十千米或更长，则需要借助其他无线设备实现通信。单片机双机通信有 TTL 电平通信、RS-232C 通信、RS-422 通信、RS-485 通信四种实现方式。

1. TTL 电平通信

TTL 电平通信是指直接发送方单片机的 TXD(P3.1) 端与接收方单片机 RXD(P3.0) 端相连，发送方单片机的 RXD(P3.0) 端与接收方单片机 TXD(P3.1) 端直接相连，而且两个单片机控制系统必须共地，即把它们的电源地线连在一起，共地是初学者在硬件设计上最易忽视的一个问题。TTL 电平通信连接图如图 7-6 所示。

单片机的 TTL 电平双机通信多用在同一个控制系统中，当一个控制系统中使用一个单片机不能实现控制要求时，可再添加一个或几个单片机，两个单片机之间构成双机通信，多个单片机就形成了多机通信，多机通信中只能有一个主机，其余单片机均为从机。TTL 电平通信在双机或多机通信时，是将一个控制系统中的多个单片机直接相连，因此应尽可能缩短各单片机之间的距离，距离越短，通信时就越可靠。

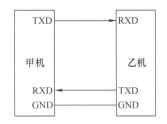
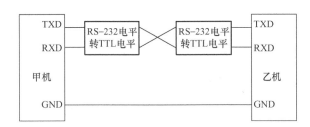

图 7-6　TTL 电平双机通信连接图　　　　　图 7-7　RS-232C 双机通信连接图

2. RS-232C 通信

RS-232C 是美国电子工业协会 1969 年制定的通信标准，它定义了数据终端设备与数据通信设备之间的物理接口标准。RS-232C 标准接头有 9 个引脚，但是将它用于两个单片机通信时，只需要用到 RXD、TXD、GND 三条线，RS-232C 双机通信连接图如图 7-7 所示。

RS-232C 通信比 TTL 电平通信距离要远，但不能超过 15m，最高传输速率为 20kbit/s。RS-232C 要求通信双方必须共地，通信距离越大，由于收、发双方的电位差较大，在地上会产生较大的地电流并产生压降，最终形成电平偏移。另外，RS-232C 在电平转换时采用单端输入/输出，在传输过程中，干扰和噪声会混在有用的信号中，为提高信噪比，RS-232C 通信要求采用较大的电压摆幅。

3. RS-422 通信、RS-485 通信

RS-422 采用双端平衡驱动器，相比单端不平衡驱动器而言，电压放大倍数要增大一倍，可以避免地线和电磁干扰的影响，当传输速率为 90kbit/s 时，传输距离可达 1200m。

RS-485 是 RS-422 的变形，RS-422 用于全双工，RS-485 用于半双工。RS-485 的抗干扰能力非常好，传输速率为 1Mbit/s，传输距离可达 1200m。

二、多机通信

方式 2 和方式 3 可用于多机通信，这一功能使它可以方便地应用于集散式分布系统中。集散式分布系统含一台主机和多台从机，从机要服从主机的调度和支配。多机通信时主、从机的连接方式如图 7-8 所示。

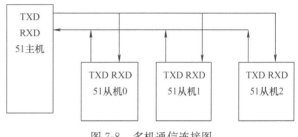

图 7-8　多机通信连接图

编程前，首先定义各从机地址编号，如分别为 00H、01H、02H 等。当主机需要给其中一个从机发送一个字符帧时，首先送出该从机的地址帧，主机发送地址帧时，地址帧/数据帧标志 TB8 应设置为 1。主机程序中实现该设置的语句为：

SCON＝0xD8;　　　　　　　　//设置串口为方式 3，TB8 置 1，准备发地址

所有从机初始化均设置 SM2＝1，使它们处于接收地址帧状态。从机源程序中实现该设置的语句为：

SCON＝0xF0;　　　　　　　　//设置串口为方式 3，SM2＝1，允许接收

当从机接收到主机送来的信息时，第 9 位 RB8 若为 1，则置位中断标志 RI，并在中断后比较接收的地址与本从机地址是否相符。若相符，则被寻址的从机清除其 SM2 标志，即 SM2＝0，准备接收即将从主机送来的数据帧；未被选中的从机仍保持 SM2＝1。

当主机发送数据帧时，应置 TB0 为 0。此时各从机都处于接收状态，但由于 TB8＝0，所以只有 SM2＝0 的那个被寻址的从机才能接收到数据，其他未被选中的从机不理睬传送至串口的数据，继续进行各自的工作，直到一个新的地址字节到来，这样就实现了主机控制的主、从机之间的通信。

综上所述，进行多级通信时，要充分利用寄存器 SCON 中的多机通信控制位 SM2。当从机的 SM2＝1 时，从机只接收发送的地址帧（第 9 位 TB8 为 1），对数据帧不予理睬；当从机的 SM2＝0 时，从机能够接收主机发来的所有数据帧。

单片机的多机通信只能在主、从机之间进行，各从机之间的通信只有经主机才能实现。多机之间的通信过程可归纳如下：

1）主、从机均初始为方式 2 或方式 3，置 SM2＝1，允许多机通信，且所有从机都只能接收地址帧。

2）主机置 TB8＝1，发送待寻址从机的地址（前 8 位是从机地址，第 9 位是 1，表示该帧是地址帧）。

3）所有从机均接收到主机发送的地址帧后，转去执行中断服务函数，目的是将所接收

到的地址与从机自身地址进行比较。若相同，则该从机的 SM2 清"0"，可以接收主机随后发来的数据帧，并向主机返回该从机地址，供主机核对；若不相同，从机仍保持 SM2＝1，无法接收主机随后发来的数据帧。

4）主机对从机返回的地址核对无误后，主机向被寻址的从机发送命令，通知从机接收或发送数据。

5）通信只能在主、从机之间进行，两个从机之间的通信须通过主机作中介才能实现。

本次通信结束后，主、从机重置 SM2＝1，恢复多机通信的初始状态。

在实际应用中，由于单片机功能有限，因而在较大的测控系统中，常常把单片机应用系统作为前端机（也称为下位机或从机），直接用于控制对象的数据采集与控制，而把 PC 作为中央处理器（也称为上位机或主机），用于数据处理和对下位机的监控处理。它们之间的信息交换主要采用串口通信，此时单片机可以直接利用其串口接口，而 PC 可利用其配备的8250、8251 或 16450 等可编程串口接口芯片（具体使用方法可查看有关手册）。实现单片机与 PC 串行通信的关键是在通信协议上的约定上要一致，例如设定相同的波特率及帧格式等。在正式工作前，双方应先互发联络信号，以确保通信收/发数据的准确性。

7.2.5 串口初始化

应用串口时，首先要初始化串口。

一、方式 0 初始化

方式 0 的初始化步骤如下：

1）对 SCON 赋值（字节寻址或位寻址），确定串口的工作方式等相关内容。初始化为方式 0，寄存器 SCON 为 0，或 SM0、SM1 均为 0。

2）串口工作在中断方式时，对 IE 赋值开中断；在查询方式时，不需开中断。

二、方式 1～方式 3 初始化

方式 1～方式 3 的初始化较为复杂，主要包括设置产生波特率的定时器/计数器 T1、串口的工作方式、串口控制与中断控制。方式 1～方式 3 初始化的具体步骤如下：

1）对 TMOD 赋值（只能字节寻址），确定定时器/计数器 T1 工作在工作方式 2。

2）根据波特率计算 T1 的初值，并同时将其写入 TH1、TL1。

3）置位 TR1，启动定时器/计数器 T1。

4）对 SCON 赋值（字节寻址或位寻址），确定串口的工作方式等相关内容。

5）串口工作在中断方式时，对 IE 赋值开中断；在查询方式时，不需开中断。

7.3 项目实施

7.3.1 任务一：单片机与 PC 通信

一、任务目标

连接开发板和 PC，由单片机发送学生姓名拼音至 PC，PC 端使用串行调试工具接收并显示。

二、硬件原理电路

任务一硬件连线图如图 7-9 所示。

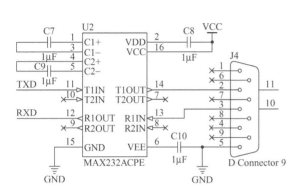

图 7-9 单片机串行通信连接图

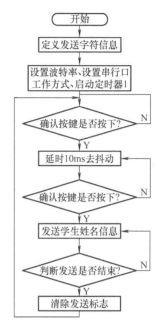

图 7-10 串行通信单片机发送端主程序流程图

三、软件流程

任务一软件流程图如图 7-10 所示。

四、参考代码

任务一参考代码如下：

```
#include<reg51.h>
#define uchar unsigned char
#define uint unsigned int
sbit S1=P0^0;
//------------------------------------
//延时函数
//------------------------------------
void delay(uint ms)
{
uint i,j;                    //延时 i×10ms
for(i=0;i<ms;i++)
  for(j=0;j<1250;j++);
}
```

```
//- - - - - - - - - - - - - - - - - - - - - - - - - - - - - -
//发送数据函数
//- - - - - - - - - - - - - - - - - - - - - - - - - - - - - -
void send(uchar dat)
{
    SBUF=dat;                    //发送字符放入发送寄存器 SBUF
    while(! TI) ;                //查询 TI，等待发送结束
    TI=0;                        //发送结束，清除发送标志 TI，为下次发送做准备
}
//- - - - - - - - - - - - - - - - - - - - - - - - - - - - - -
//主函数
//- - - - - - - - - - - - - - - - - - - - - - - - - - - - - -
void main()
{
uchar data1[]={'Y','A','N','G','X','U','E'};    //定义学生姓名拼音字符
uchar i;
TMOD=0x20;                       //定时器/计数器 T1 为方式 2，字节寻址
TH1=0xfd;                        //用于存放初值 FDH，SMOD=0，波特率为 9600bit/s
TL1=0xfd;                        //用于加 1 计数，初值为 FDH
TR1=1;                           //启动定时器/计数器 T1，位寻址
SM0=0;
SM1=1;                           //串口初始化为方式 1，位寻址
while(1)
  { if(S1==0)                    //检测有无按键闭合
      {delay(10);                //延时 10ms，去除按键的前沿抖动
    if(S1==0)                    //再次检测，如果 if 语句仍然为真，确定有键闭合
    {   for(i=0;i<7;i++)         //发送学生姓名信息
        send(data1[i]);
        while(S1==0);
    }
  }
  }
}
```

7.3.2　任务二：双机通信

一、任务目标

本项目要求双机通信，两个单片机实验板之间的通信距离短，采用 TTL 电平实现两个单片机通信。将发送方的 RXD、TXD 与接收方的 TXD、RXD 用短导线相连，并将发送方

与接收方的地线相连，满足共地要求，实现双机通信。

二、硬件原理电路

任务一硬件连线示意图如图 7-11 所示。

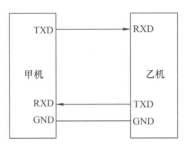

图 7-11 双机通信连接示意图

三、软件流程

任务二软件流程图如图 7-12 所示。

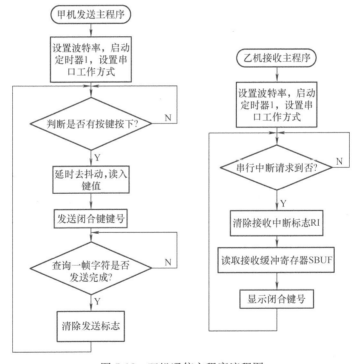

图 7-12 双机通信主程序流程图

四、参考代码

1. 发送方单片机源程序

```
#include<reg51.h>
#define uchar unsigned char
```

```c
#define uint unsigned int
//---------------------------------
//延时函数
//---------------------------------
void delay(uint i)          //延时时间约为 i×1ms
{
uchar j,x;
for(j=0;j<i;j++)
for(x=0;x<=130;x++);
}
//---------------------------------
//发送函数
//---------------------------------
void send (uchar jianhao)
{
SBUF=jianhao;  //将闭合键的键号送入发送缓冲寄存器 SBUF，进行发送
while(! TI);    //查询 TI，等待发送结束
TI=0;           //发送结束后，清除发送中断标志 TI，为下一次发送做准备
}
//---------------------------------
//键盘扫描函数
//---------------------------------
uchar keyscan()
{
        uchar temp;uchar jianhao;
        temp=P0&0x0f;
    switch(temp)
    {
    case 0x0e:jianhao=1;break;
    case 0x0d:jianhao=2;break;
    case 0x0b:jianhao=3; break;
    case 0x07:jianhao=4; break;
    }
while(P0! =0x0f);         //等待按键释放
delay(10);                //去除按键的后沿抖动
return(jianhao);          //返回闭合键的键号
}
//---------------------------------
```

```
//主函数
//- - - - - - - - - - - - - - - - - - - - - - - - - - - - -
void main()
{
uchar jianhao;
TMOD=0x20;                    //定时器/计数器 T1 为方式 2，字节寻址
TH1=0xfd;                     //用于存放初值 FDH，SMOD=0，波特率为 9600bit/s
TL1=0xfd;                     //用于加 1 计数，初值为 FDH
TR1=1;                        //启动定时器/计数器 T1，位寻址
SM0=0;
SM1=1;                        //串口初始化为方式 1，位寻址
while(1)
{
P0=0x0f;                      //置行 0、列 1
if(P0! =0x0f)                 //读入列值，检测有无按键闭合
{
delay(10);                   //延时 10ms，去除按键的前沿抖动
if(P0! =0x0f)                //再次检测，如果 if 语句仍为真，确定有键闭合
{
jianhao=keyscan();
send(jianhao);
}
}
}
}
```

2. 接收方单片机源程序

```
#include<reg51. h>
#define uchar unsigned char
#define uint unsigned int
//- - - - - - - - - - - - - - - - - - - - - - - - - - - - -
//  必要的全局变量定义
//- - - - - - - - - - - - - - - - - - - - - - - - - - - - -
uchar code seg7[]={0xc0,0xf9,0xa4,0xb0,
0x99,0x92,0x82,0xf8,
0x80,0x90,0x88,0x83,
0xc6,0xa1,0x86,0x8e}         //定义共阳型数码管段码表
//- - - - - - - - - - - - - - - - - - - - - - - - - - - - -
//延时函数
```

```
//- - - - - - - - - - - - - - - - - - - - - - - - - - - - - - - - -
void delay (uint i)                    //延时时间约为 i×1ms
 {
  uchar j,x;
  for(j=0;j<i;j++)
      for(x=0;x<=130;x++);
 }
//- - - - - - - - - - - - - - - - - - - - - - - - - - - - - - - - -
//数码管显示函数
//- - - - - - - - - - - - - - - - - - - - - - - - - - - - - - - - -
void outbyte(uchar weima,uchar duan)
{
    uchar i;
    for(i=0;i<8;i++)
   {
    if(weima&0x80)ser=1;
    else ser=0;
    weima=(weima<<1);
    srclk1=0;
    srclk1=1;
    }
    for(i=0;i<8;i++)
   {
    if(duan&0x80)ser=1;
    else ser=0;
    duan=(duan<<1);
    srclk1=0;srclk1=1;
    }
    rclk1=0;
    rclk1=1;
}
//- - - - - - - - - - - - - - - - - - - - - - - - - - - - - - - - -
//主函数
//- - - - - - - - - - - - - - - - - - - - - - - - - - - - - - - - -
void main()
 {
TMOD=0x20;              //定时器/计数器 T1 为方式 2，字节寻址
TH1=0xfd;              //用于存放初值 FDH，SMOD=0，波特率为 9600bit/s
```

```
TL1＝0xfd；                    //用于加 1 计数，初值为 FDH
TR1＝1；                       //启动定时器/计数器 T1，位寻址
SM0＝0；
SM1＝1；                       //串口初始化为方式 1，位寻址
REN＝1；
ES＝1；                        //串口开中断，位寻址
EA＝1；                        //CPU 开中断，位寻址
while(1)；                     //等待串口中断
}
//-------------------------------
//   串口中断服务函数
//-------------------------------
void chuan（）interrupt 4
{
uchar jianhao；
RI＝0；                        //清除接收中断标志 RI
jianhao＝SBUF；                //读取接收缓冲寄存器 SBUF
outbyte(0xfe,seg7[jianhao])；  //显示发送方键盘中闭合键的键号
}
```

习　　题

一、填空题

1. 异步串行通信时，帧格式一般由＿＿＿＿＿、＿＿＿＿＿、＿＿＿＿＿和＿＿＿＿四部分组成，异步串行通信时，发送方先发送 1 位起始位＿＿＿＿＿，然后是 5～8 位数据，规定＿＿＿＿＿在前，＿＿＿＿＿在后，其后是奇偶校验位（可无），最后是停止位＿＿＿＿。

2. 51 单片机内有 4 个并行 I/O 口用于＿＿＿＿通信、一个全双工 UART（异步串行通信接口）用于＿＿＿＿通信。

3. 异步串行通信的各单片机时钟＿＿＿＿，其时钟频率可以＿＿＿＿，在通信时不要求有同步时钟信号，相比同步通信容易实现。

二、简答题

1. 串行通信的基本方式有哪些？各有什么特点？

2. 异步串行通信与同步串行通信的主要区别是什么？

3. 51 单片机串口设有几个控制寄存器？它们的作用是什么？

4. 简述串口接收和发送数据的过程。

5. 为什么定时器 T1 用作串口波特率发生器时采用工作方式 2？

6. 试述 51 单片机串口的四种工作方式、工作原理、字符格式及波特率的产生方法。

7. 若串口采用工作方式 3，已知系统时钟频率为 12MHz，通信用的波特率为 9600bit/s，如何计算定时器 T1 的初值？

8. RS-232C 总线标准与一般的数据总线有什么不同？在串行通信中如何应用 RS-232C 接口？

三、编程题

1. 串行通信（发送）

要求：连接开发板和 PC，由单片机发送学生学号至 PC，PC 端使用串行调试工具接收并显示。

2. 串行通信（接收）

要求：连接开发板和 PC，在 PC 端使用串行调试工具发送 1 位字符（0～9）给开发板，单片机端接收并将该数字显示在数码管上。

项目八　液晶显示应用

8.1　项目说明

项目八液晶显示应用包含两个子任务，任务一：液晶显示姓名、学号；任务二：液晶显示实现电子钟。这些任务都是在 IAP15W4K58S4 单片机最小系统板上扩展 LCD1602 实现的。

该项目的学习目标和技能要求如下：

学习目标：

➤ 掌握液晶显示器的特点、分类、命名方法。

➤ 掌握存储器 DDRAM、CGROM 的作用。

➤ 掌握液晶显示器的常用指令，并对其进行正确的初始化。

➤ 掌握字符、字符串的显示方法。

➤ 掌握定时器/计数器与液晶显示器的综合应用。

技能要求：

➤ 会使用相应软件对程序进行仿真和调试。

➤ 能够对工作任务进行分析，找出相应的算法，绘制流程图。

➤ 能够根据流程图编写程序。

➤ 会使用 Keil4 软件集成开发环境，建立工程文件，并进行调试。

8.2　知识准备

8.2.1　液晶显示器概述

LCD 是一种被动式显示器，由于它的功耗极低、抗干扰能力强，因而在低功耗的智能仪器系统中大量使用。

LCD 中最主要的物质就是液晶，它是一种规则性排列的有机化合物，是一种介于固体和液体之间的物质，其本身不发光，只是调节光的亮度。目前，智能仪器中常用的 LCD 显示器都是利用液晶的扭曲向列效应原理制成的单色液晶显示器。向列效应是一种电场效应，夹在两片导电玻璃电极之间的液晶经过一定处理，其内部的分子呈 90°扭曲，当线性的偏振光透过其偏振面时便会旋转 90°。当在玻璃电极加上电压后，在电场的作用下，液晶的扭曲结构消失，分子排列变得有秩序，其旋光作用也消失，偏振光便可以直接通过。当去掉电场后液晶分子又恢复其扭曲结构，阻止光线通过。把这样的液晶置于两个偏振片之间，改变偏振片的相对位置（正交或平行），让液晶分子如闸门般地阻隔或让光线穿透，就可以得到白底黑字或黑底白字的显示形式。

LCD 的结构如图 8-1 所示。在上、下玻璃电极之间封入向列型液晶材料，液晶分子平行排列，上、下扭曲 90°，外部入射光通过平行排列的液晶材料后被旋转 90°，再通过与上偏振片垂直的下偏振片，被反

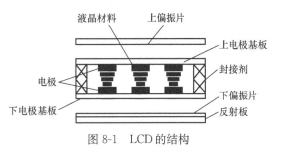

图 8-1　LCD 的结构

射板反射回来，呈透明状态；当上、下电极加一定的电压后，电极部分的液晶分子转成垂直排列，失去旋光性，从上偏振片入射的偏振光不被旋转，光无法通过下偏振片返回，因而呈黑色。根据需要，将电极做成各种文字、数字、图形，就可以获得各种状态显示。

LCD 常采用交流驱动，通常把显示控制信号与显示频率信号合并后形成交变的驱动信号。

LCD 按光电效应分类，可分为电场效应类、电流效应类、电热写入效应类和热效应类。电场效应类又分为扭曲向列效应（TN）类、宾主效应（GH）类和超扭曲效应（STN）类等。目前在智能仪器系统中，普遍采用的是 TN 型和 STN 型液晶器件。

另外根据显示方式和内容的不同，常用于仪器仪表上的液晶显示模块有笔段型和点阵型两类。前者可用于显示有限个简单符号，控制也较为简单。后者又可分成两种：字符型液晶显示模块和图形型液晶显示模块。点阵液晶显示模块显示的信息多，可显示字符、汉字，也可以显示图形和曲线，且容易与微处理器接口，因此经常用在机械设备控制和自动生产线中显示设备的工作参数，或者用图形方式显示设备和生产线的工作过程。

液晶显示器一般是根据显示字符的行数或构成液晶点阵的行数、列数进行命名。例如，字符型液晶显示器 LCD1602 的含义就是可以显示两行，每行显示 16 个字符。类似的命名还有 1601、0802、2002 等。图形型液晶显示器 12232 表示液晶由 122 列 32 行组成，共有 122×32 个光点，通过控制其中任意一个光点显示或不显示构成所需的画面。类似的命名还有 12864、192128、320240 等。

液晶显示器的驱动简单、灵活，用户可根据需要选择并口或串口驱动。

8.2.2　LCD1602 简介

一、LCD1602 的特点

LCD1602 是最常用的一种字符型液晶显示器，共 16 个引脚，电源电压为 5 V，带背光，两行显示，每行 16 个字符，即每屏最多显示 32 个字符，一般不用于显示汉字，内置 128 个 ASCII 字符集。常用两种显示形式：一是在液晶的任意位置显示字符或字符串；二是字符或字符串的滚动显示。市场上的 LCD1602 多采用并口驱动，图 8-2 所示为并口 LCD1602 的正面和反面。

二、LCD1602 的基本参数及引脚功能

LCD1602 分为带背光和不带背光两种，其控制器大部分为 HD44780，带背光的比不带背光的厚，是否带背光在应用中并无差别，两者尺寸差别如图 8-3 所示。

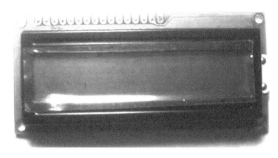
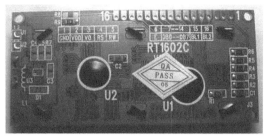

图 8-2　LCD1602 字符型液晶显示器实物图

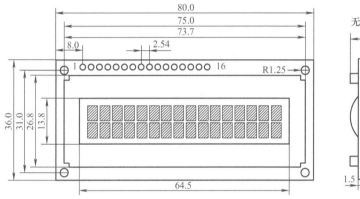
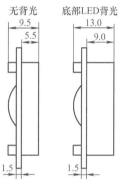

图 8-3　LCD1602 尺寸图

LCD1602 主要技术参数如表 8-1 所示。

表 8-1　LCD1602 主要技术参数表

显示容量	16×2 个字符	模块最佳工作电压	5.0V
芯片工作电压	4.5～5.5V	字符尺寸	2.95mm×4.35mm（$W\times H$）
工作电流	2.0mA（5.0V）		

LCD1602 采用标准的 14 脚（无背光）或 16 脚（带背光）接口，各引脚接口说明如表 8-2 所示。

表 8-2　LCD1602 引脚接口说明表

编号	符号	引脚说明	编号	符号	引脚说明
1	VSS	电源地	9	D2	Data I/O
2	VDD	电源正极	10	D3	Data I/O
3	VL	液晶显示偏压信号	11	D4	Data I/O
4	RS	数据/命令选择端（H/L）	12	D5	Data I/O
5	R/W	读写选择端（H/L）	13	D6	Data I/O
6	E	使能信号	14	D7	Data I/O
7	D0	Data I/O	15	BLA	背光源正极
8	D1	Data I/O	16	BLK	背光源负极

第 1 脚：VSS 为地电源。

第 2 脚：VDD 接 5V 正电源。

第 3 脚：VL 为液晶显示器对比度调整端，接正电源时对比度最弱，接地时对比度最高，对比度过高时会产生"鬼影"，使用时可以通过一个 10kΩ 的电位器调整对比度。

第 4 脚：RS 为寄存器选择，高电平时选择数据寄存器，低电平时选择指令寄存器。

第 5 脚：R/W 为读写信号线，高电平时进行读操作，低电平时进行写操作。当 RS 和 R/W 共同为低电平时可以写入指令或者显示地址，当 RS 为低电平、R/W 为高电平时可以读忙信号，当 RS 为高电平、R/W 为低电平时可以写入数据。

第 6 脚：E 端为使能端，当 E 端由高电平跳变成低电平时，液晶模块执行命令。

第 7～14 脚：D0～D7 为 8 位双向数据线。

第 15 脚：背光源正极。

第 16 脚：背光源负极。

三、LCD1602 的指令说明及时序

LCD1602 液晶模块内部的控制器共有 11 条控制指令，如表 8-3 所示。

表 8-3　LCD1602 控制指令表

序号	指　　令	RS	R/W	D7	D6	D5	D4	D3	D2	D1	D0
1	清屏	0	0	0	0	0	0	0	0	0	1
2	光标返回	0	0	0	0	0	0	0	0	1	*
3	光标和显示模式设置	0	0	0	0	0	0	0	1	I/D	S
4	显示开/关控制	0	0	0	0	0	0	1	D	C	B
5	光标/字符移位	0	0	0	0	0	1	S/C	R/L	*	*
6	功能	0	0	0	0	1	DL	N	F	*	*
7	置字符发生器地址	0	0	0	1	字符发生存储器地址					
8	置数据存储器地址	0	0	1	显示数据存储器地址						
9	读忙标志和地址	0	1	BF	计数器地址						
10	写数据到指令 7、8 所设地址	1	0	要写的数据							
11	从指令 7、8 所设的地址读数据	1	1	读出的数据							

LCD1602 液晶模块的读写操作、屏幕和光标的操作都是通过指令编程来实现的（说明：1 为高电平、0 为低电平）。

指令 1：清屏，指令码 01H，光标复位到地址 00H 位置。

指令 2：光标返回，光标返回到地址 00H。

指令 3：光标和显示模式设置。I/D：光标移动方向的控制，高电平右移，低电平左移。S：屏幕上所有文字是否左移或者右移，高电平表示有效，低电平则无效。

指令 4：显示开/关控制。D：控制整体显示的开与关，高电平表示开显示，低电平表示关显示。C：控制光标的开与关，高电平表示有光标，低电平表示无光标。B：控制光标是否闪烁，高电平表示闪烁，低电平表示不闪烁。

指令 5：光标/字符移位。S/C：高电平时移动显示的字符，低电平时移动光标。

指令 6：功能设置命令。DL：高电平时为 8 位总线，低电平时为 4 位总线。N：低电平时为单行显示，高电平时为双行显示。F：低电平时显示 5×7 的点阵字符，高电平时显示 5×10 的点阵字符。

指令 7：字符发生器 RAM 地址设置。

指令 8：DDRAM 地址设置。

指令 9：读忙标志和地址。BF：忙标志位，高电平表示忙，此时模块不能接收命令或者数据，如果为低电平表示不忙。

指令 10：写数据。

指令 11：读数据。

四、LCD1602 的标准字符库

LCD1602 模块内部的字符发生存储器（CGROM）已经存储了不同的点阵字符图形，这些字符有阿拉伯数字、英文字母的大小写、常用的符号和日文假名等，每一个字符都有一个固定的代码，其中数字与字母同 ASCII 码兼容，对应关系如表 8-4 所示。其内部还有自定义字符（CGRAM），可用于存储自己定义的字符。

表 8-4　LCD1602 的标准字符库

低位 ＼ 高位	0000	0010	0011	0100	0101	0110	0111	1010	1011	1100	1101	1110	1111
×××0000	CGRAM (1)		0	a	P	\	p		―	タ	Ξ	α	P
×××0001	(2)	!	1	A	Q	a	q	。	ア	チ	ム	ä	q
×××0010	(3)	"	2	B	R	b	r	「	イ	ッ	メ	β	θ
×××0011	(4)	#	3	C	S	c	s	」	ウ	ラ	モ	ε	∞
×××0100	(5)	$	4	D	T	d	t	、	エ	ト	セ	μ	Ω
×××0101	(6)	%	5	E	U	e	u	・	オ	ナ	ユ	ß	ö
×××0010	(7)	&	6	F	V	f	v	ヲ	カ	ニ	ヨ	ρ	Σ
×××0011	(8)	>	7	G	W	g	w	ア	キ	ヌ	ラ	g	π
×××1000	(1)	(	8	H	X	h	x	イ	ク	ネ	リ	∫	X
×××1001	(2)	)	9	I	Y	i	y	ウ	ケ	ノ	ル	−1	y
×××1010	(3)	•	:	J	Z	j	z	エ	コ	リ	レ	j	千
×××1011	(4)	+	;	K	[	k	{	オ	サ	ヒ	ロ	x	万
×××1100	(5)	フ	<	L	¥	l			セ	シ	フ	ワ	ø	Ａ
×××1101	(6)	─	=	M	]	m	}	ユ	ス	ヽ	ソ	ま	÷
×××1110	(7)	.	>	N	─	n	─	ヨ	セ	ホ	ハ	ñ	＋
×××1111	(8)	/	?	O	─	o	←	ッ	ソ	マ	ロ	Ö	

五、LCD1602 模块显示存储区与显示内容的对应关系

显示存储器 DDRAM 主要用于存放待显示字符在 CGROM 中的编码即 ASCII 码。也就是说，LCD1602 显示屏上的 32 个显示位置与 DDRAM 中的 32 个单元一一对应，在

LCD1602 上某个位置显示字符就是将该字符的 ASCII 码存入 DDRAM 存储器的对应单元。DDRAM 的容量为 80B，这 80B 分两行，每行 40B，最多存储两屏半字符，其地址与 LCD1602 显示屏的对应关系如图 8-4 所示。

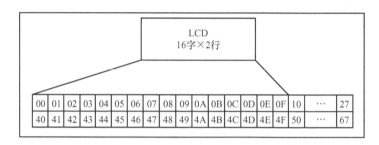

图 8-4　显示存储区地址与 LCD1602 显示屏的对应关系

由图 8-4 可知，只有将显示字符写入第一行地址为 00H～0FH、第二行地址为 40H～4FH 这 32 个单元时，才能直接在显示屏上显示出来。例如，要在第一行第三列显示"H"，需要将"H"的 ASCII 码写入 DDRAM 中地址为 02H 的单元中（实际上编程时指令码为 80H+02H，这是由 LCD 指令 8 所决定的）；写入指令码为 80H+40H 时，字符则会显示在第二行第一列。写入第一行地址为 10H～27H、第二行地址为 50H～67H 单元中的显示字符，必须通过 LCD1602 的移屏指令（LCD 指令 3 或指令 5）将其移入可显示区域后才能显示出来。

DDRAM 的地址存于地址指针中，每进行一次读或写操作，地址指针可自动加 1 或减 1，是加 1 还是减 1 通过 LCD1602 的指令 3 进行设置，这为字符串的显示带来了方便。

六、LCD1602 液晶显示模块的 CGROM

CGROM 存储器中固化了 128 个常用字符的字模，且每个字模都有一个固定的编码，即它的 ASCII 码，主要用于显示常用字符；CGRAM 存储器的 64 个字节用于存放用户自定义的 8 组 5×8 点阵字模，字模的代码为 0～7，主要用于显示简单汉字或图形。

LCD1602 由 32 个 5×8 点阵组成，每个 5×8 点阵可以显示一个字符，点阵之间有一段空的间隔，起到了字符间距和行间距的作用。常用的 1601、8002 等字符型液晶显示器都是相同的原理，它们虽然显示的行数、字数不尽相同，但是都具有相同的输入、输出界面。在 5×8 字符点阵中点亮不同的点就可以显示出不同的字符，点亮和熄灭点阵上光点的数据称为字模。图 8-5 给出了 5×8 点阵显示字符"H"所需要的字模。

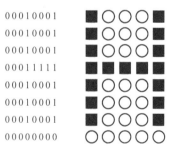

图 8-5　5×8 点阵字模

当用户编程将待显示字符的编码写入 DDRAM 后，根据编码在 CGROM 中找到所对应的字模，由它来控制 5×8 点阵显示所需的字符。

七、LCD1602 的基本读写时序

与 HD44780 相兼容的 LCD1602 基本读写时序如表 8-5 所示。

表 8-5　基本操作时序表

E	RS	R/W	说　　明
1	0	0	将 DB0~DB7 的指令代码写入指令寄存器中
1→0		1	分别将状态标志 BF 和地址计数器（AC）内容读到 DB7 和 DB6~DB0
1	1	0	将 DB0~DB7 的数据写入数据寄存器中，模块的内部操作自动将数据写到 DDRAM 或者 CGRAM 中
1→0		1	将数据寄存器内的数据读到 DB0~DB7，模块的内部操作自动将 DDRAM 或者 CGRAM 中的数据送入数据寄存器中

与 HD44780 相兼容的 LCD1602 读写操作时序如图 8-6 和图 8-7 所示。

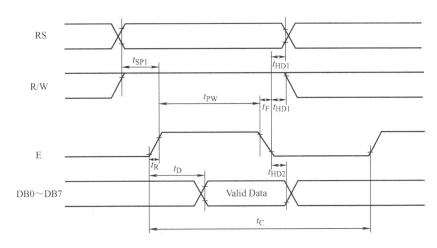

图 8-6　读操作时序

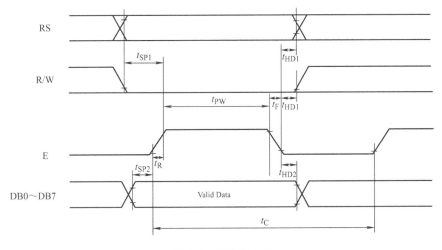

图 8-7　写操作时序

LCD1602 操作时间参数如表 8-6 所示。

表 8-6　LCD1602 操作时间参数

时 序 参 数	序号	极限值/ns			测试条件
		最小值	典型值	最大值	
E 信号周期	t_C	400	—	—	引脚 E
E 脉冲宽度	t_{PW}	150	—	—	
E 上升沿/下降沿时间	t_R、t_F	—	—	25	
地址建立时间	t_{SP1}	30	—	—	引脚 E、RS、R/W
直址保持时间	t_{HD1}	10	—	—	
数据建立时间（读操作）	t_D	—	—	100	引脚 DB7～DB0
数据保持时间（读操作）	t_{HD2}	20	—	—	
数据建立时间（写操作）	t_{SP2}	40	—	—	
数据保持时间（写操作）	t_{HD2}	10	—	—	

8.2.3　LCD1602 字符显示

字符的显示需完成以下操作：

一、LCD1602 初始化

LCD1602 液晶模块在正常显示前必须进行初始化，包括设置显示模式、显示开/关及光标、地址指针、清屏等，其初始化过程如表 8-7 所示。

表 8-7　LCD1602 液晶模块初始化过程

延时 15ms	写指令 38H：显示模式设置
写指令 38H（不检测忙信号）	写指令 08H：显示关闭
延时 5ms	写指令 01H：显示清屏
写指令 38H（不检测忙信号）	写指令 06H：显示光标移动设置
延时 5ms	写指令 0CH：显示开及光标设置
写指令 38H（不检测忙信号）	

二、设置 DDRAM 中的显示地址

设置 DDRAM 中的显示地址即设置字符在液晶上显示的位置，采用指令 8（见表 8-3）完成设置，具体指令码为 80H＋地址码。

三、向 DDRAM 单元写入待显示字符的 ASCII 码

向 DDRAM 单元写入 ASCII 码有两种方法：一是直接写入 ASCII 码，如显示"H"就是写入它的 ASCII 码 48H；二是发送字符常量，在 C51 中将一个字符用单引号 ' ' 括起来就是字符常量，发送一个字符常量时实际上是将它的 ASCII 码存放到选定的 DDRAM 存储单元中，因此发送 'H' 与 48H 的效果相同。

8.3 项目实施

8.3.1 任务一：液晶显示姓名、学号

一、任务目标

在最小系统板上的液晶模块上显示学生的姓名、学号，分两行显示。

二、硬件原理电路

任务一硬件连线图如图8-8所示。

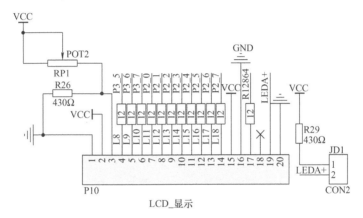

图8-8 任务一硬件连线图

三、软件流程

任务一软件流程图如图8-9所示。

四、参考代码

任务一参考代码如下：

```
//1602 头文件 1602. h
#ifndef __1602_H__
#define __1602_H__
#define uchar unsigned char
#define uint unsigned int
void lcd_cls();
void lcd_init();
void lcd_wrdata(char lcddata);
void lcd_wrcmd(unsigned char lcdcmd);
void delay_2s();
```

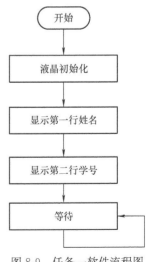

图8-9 任务一软件流程图

```
void soft_1ms();
void soft_10ms();
void lcd_string(char * strpoint)  ;
#endif
//1602 驱动源文件 1602.c
#include <reg51.h>
#include "1602.h"
sbit dc=P3^5;        //RS
sbit rw=P3^6;        //R/W
sbit cs=P3^7;        //E
sfr  lcdbus=0xa0;    //LCD 数据接口为 P2 口
void soft_10ms()
{unsigned int i;
 for(i=0;i<3000;i++);
}
void soft_1ms()
{unsigned int i;
 for(i=0;i<300;i++);
}
void delay_2s()
{unsigned char i;
 for(i=0;i<20;i++)
    soft_10ms();
}
void lcd_wrcmd(unsigned char lcdcmd)
{lcdbus=lcdcmd;
 dc=0;
 rw=0;
 cs=1;
 cs=0;
 lcdbus=0xff;
 soft_1ms();
}
void lcd_wrdata(char lcddata)
{ lcdbus=lcddata;
   dc=1;
   rw=0;
   cs=1;
```

```
  cs=0;
  lcdbus=0xff;
  soft_1ms();
}
void lcd_string(char * strpoint)
{register i=0;
 while(strpoint[i]! =0)
    {lcd_wrdata(strpoint[i]);
     i++;
    }
}
void lcd_init()
{ lcd_wrcmd(0x38);    //功能设置:8 位总线、双行显示、5×7 字符显示格式
  soft_10ms();
  lcd_wrcmd(0x38);
  soft_10ms();
  lcd_wrcmd(0x38);
  soft_10ms();
  lcd_wrcmd(0x38);
  lcd_wrcmd(0x0c);       //开显示,无光标
  lcd_wrcmd(0x06);       //输入模式
  lcd_wrcmd(0x01);       //清屏
}
void lcd_cls()
{lcd_wrcmd(0x01);
 soft_10ms();
}
//1602 测试源文件 test. c
#include <reg51. h>
#include "1602. h"
main()
{unsigned char no[]={"06141129"};
 unsigned int i;
 P0=0xff;
 P1=0xff;
 P2=0xff;
 P3=0xff;
 delay_2s();
```

```
lcd_init();
while(1)
 { lcd_cls();
   lcd_string("welcome to use");
   lcd_moveto(20);
   lcd_wrdata('N');
   delay_2s();
   lcd_wrdata('o');
   delay_2s();
   lcd_wrdata(':');
   delay_2s();
   for(i=0;i<8;i++)
  {lcd_wrdata(no[i]);
   delay_2s();
  }
 }
}
```

8.3.2　任务二：液晶显示实现电子钟

一、任务目标

在项目五简易电子钟的基础上，完成电子钟显示的移植，将原来在数码管上显示时间移植到在液晶上显示时间。

二、硬件原理电路

任务二硬件连线图如图 8-10 所示。

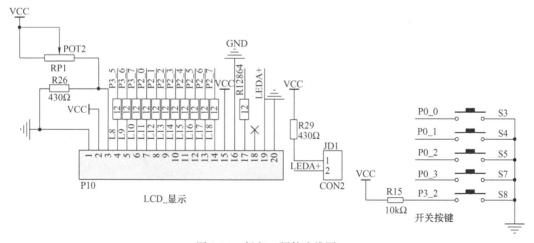

图 8-10　任务二硬件连线图

三、软件流程

任务二软件流程图如图 8-11 所示。

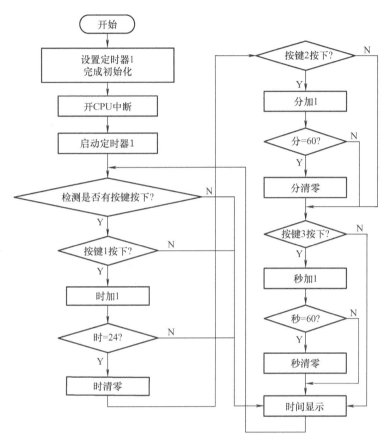

a) 主程序流程图

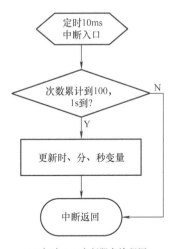

b) 定时10ms中断服务流程图

图 8-11　任务二软件流程图

四、参考代码

采用模块化编程，1602 的头文件和驱动源文件与前文任务一样，参考代码省略此处代码。

```c
#include<reg51.h>
#include "1602.h"
sbit S1=P0^0;
sbit S2=P0^1;
sbit S3=P0^2;
uchar shi,fen,miao;                        //时、分、秒变量
uchar xian[]={'0','0',':','0','0',':','0','0'};    //初始化时间
uint t1_num;
void   delay(uint ms)
{   uint i,j;
for(j=0;j<ms;j++)
     for(i=0;i<1300;i++);
}
disp()              //时间更新
{uchar i;
xian[0]=miao%10;
xian[1]=miao/10;
xian[3]=fen%10;
xian[4]=fen/10;
xian[6]=shi%10;
xian[7]=shi/10;
lcd_wrcmd(0xc0);
for (i=0;i<8;i++)
{lcd_wrdata(xian[i]); }
}
main()
{lcd_init();
lcd_cls();
lcd_string("Now time:");
disp();
TMOD=0x10;
TH1=(65536-10000)/256;
TL1=(65536-10000)%256;
ET1=1;
EA=1;
```

```
TR1=1;
while(1)
    {
    if(S1==0‖S2==0‖S3==0)    //按键检测扫描，根据按键调整时间
      {delay(10);
      if(S1==0‖S2==0‖S3==0)
    {if(S1==0)
        {EA=0;shi++;if(shi>23)shi=0;while(S1==0); delay(10);EA=1;}
      else if  (S2==0)
        {EA=0;fen++;if(fen>59)fen=0;while(S2==0); delay(10);EA=1;}
      else if  (S3==0)
          {EA=0;miao++;if(miao>59)miao=0;while(S3==0); delay(10);EA=1;}
      }}
      disp();                          //时间显示更新
        }
}
void time1()   interrupt   3        //定时器中断服务函数，时间更新
{ TH1=(65536-10000)/256;
  TL1=(65536-10000)%256;
  t1_num++;
  if( t1_num==100)
    { t1_num=0;
  miao++;
  if(miao>=60){miao=0;  fen++;
  if(fen>=60) {fen=0;shi++;
  if(shi>=24){shi=0;} }}
    }
}
```

习　　题

一、填空题

1. LCD 是一种_____显示器，由于它的功耗极低、抗干扰能力强，因而在低功耗的智能仪器系统中大量使用。

2. LCD1602 是最常用的一种_____液晶显示器，共____个引脚，电源电压为 5V，带背光，两行显示，每行_____个字符。

3. LCD1602 液晶模块内部的控制器共有_____条控制指令，其中清屏指令是_____。

二、 简答题

1. 简述 LCD1602 的特点及引脚功能。

2. LCD1602 DDRAM 地址是怎么分布的？

3. LCD1602 常用指令有哪些？

4. LCD1602 操作时序如何实现？

5. LCD1602 初始化包括哪些流程？

三、编程题

1. 液晶上第一行显示当前年月日，第二行显示姓名、学号。

2. 电压表的显示由数码管显示换成液晶显示，试完成程序的移植。

3. 项目五中任务一 99.9s 秒表计时的显示由数码管显示换成液晶显示，试完成程序的移植。

项目九 串行总线接口应用

9.1 项目说明

　　项目九串行总线接口应用包含三个子任务，任务一：采用单总线器件 DS18B20 实现测温；任务二：采用 I²C 总线器件 LM75 实现测温；任务三：采用 SPI 串行总线器件 DS1302 实现电子万年历。这些任务都是应用 IAP15W4K58S4 单片机最小系统板扩展串行总线器件实现的综合应用。

　　该项目的学习目标和技能要求如下：

学习目标：

➢ 掌握单总线的控制时序、读写时序。

➢ 掌握单片机模拟单总线时序的实现，掌握单总线器件 DS18B20 的应用。

➢ 掌握 I²C 的控制时序、读写时序。

➢ 掌握 IAP15W4K58S4 单片机模拟 I²C 总线时序，掌握 I²C 总线器件 LM75 的应用。

➢ 掌握 SPI 的控制时序、读写时序。

➢ 掌握 IAP15W4K58S4 单片机模拟 SPI 总线时序，掌握 SPI 总线器件 DS1302 的应用。

➢ 能编写、调试完整的程序。

➢ 学习模块化编程的思想。

技能要求：

➢ 应用单总线器件 DS18B20 实现测温控制。

➢ 应用 I²C 总线器件 LM75 实现测温控制。

➢ 应用 SPI 总线器件 DS1302 实现电子万年历。

➢ 会使用相应软件对程序进行仿真和调试。

➢ 能够对工作任务进行分析，找出相应的算法，绘制流程图。

➢ 能够根据流程图编写程序。

➢ 会使用 Keil4 软件集成开发环境，掌握模块化编程。

9.2 知识准备

9.2.1 单总线器件 DS18B20 及应用

一、单总线概述

单总线是 Maxim 全资子公司 Dallas 的一项专有技术，与目前多数标准串行数据通信方式（如 SPI、I²C、MICROWIRE）不一样，它采用单根信号线既传输时钟又传输数据，而且数据传输是双向的。它具有节省 I/O 口线资源、结构简单、成本低廉、便于总线扩展和维护等诸多优点。

单总线适用于单个主机系统，能够控制一个或多个从机设备。当只有一个从机位于总线上时，系统可按照单节点系统操作；而当多个从机位于总线上时，则系统按照多节点系统操作。为了区分不同的单总线器件，厂家生产单总线器件时都要刻录一个 64 位的二进制 ROM 代码，以标志其 ID 号。

1．单总线的硬件结构

单总线只有一根数据线。设备主机或从机通过一个漏极开路或三态端口连接至该数据线，这样允许设备在不发送数据时释放数据总线，以便总线被其他设备所使用。单总线端口为漏极开路，其内部等效电路如图 9-1 所示。

单总线要求外接一个约 5kΩ 的上拉电阻，这样单总线的闲置状态为高电平。不管什么原因，如果传输过程需要暂时挂起，且要求传输过程还能够继续的话，则总线必须处于空闲状态。位传输之间的恢复时间没有限制，只要总线在恢复期间处于空闲状态（高电平）即可。如果总线保持低电平超过 480μs，总线上的所有器件将复位。

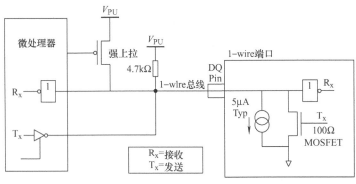

图 9-1　单总线内部等效电路

2．单总线命令序列

典型的单总线命令序列如下：

（1）第一步初始化

基于单总线上的所有传输过程都是以初始化开始的。初始化过程由主机发出的复位脉冲和从机响应的应答脉冲组成。应答脉冲使主机知道总线上有从机设备且准备就绪。

（2）第二步 ROM 命令

在主机检测到应答脉冲后，就可以发出 ROM 命令（该命令跟随着需要交换的数据）。这些命令与各个从机设备的唯一 64 位 ROM 代码相关。

从机设备可能支持 5 种 ROM 命令，实际情况与具体型号有关，每种命令长度为 8 位。允许主机在单总线上连接多个从机设备时指定操作某个从机设备；允许主机能够检测到总线上有多少个从机设备以及其设备类型；允许主机能够检测到总线上有没有设备处于报警状态。

1）搜索 ROM[F0H]。找出总线上所有从机设备的 ROM 代码，这样主机就能够判断出从机的数目和类型。主机通过重复执行搜索 ROM 循环（搜索 ROM 命令跟随着位数据交换）以找出总线上所有的从机设备。

2）读 ROM[33H]，仅适合于单节点。该命令仅适用于总线上只有一个从机设备的情况，它允许主机直接读出从机的 64 位 ROM 代码而无须执行搜索 ROM 过程。如果该命令用于多节点系统，则必然发生数据冲突，因为每个从机设备都会响应该命令。

3）匹配 ROM［55H］。匹配 ROM 命令跟随 64 位 ROM 代码，从而允许主机访问多节点系统中某个指定的从机设备。仅当从机完全匹配 64 位 ROM 代码时，才会响应主机随后发出的功能命令，其他设备将处于等待复位脉冲状态。

4）跳越 ROM［CCH］，仅适合于单节点。主机能够采用该命令同时访问总线上的所有从机设备而无须发出任何 ROM 代码信息。例如，主机通过在发出跳越 ROM 命令后跟随转换温度命令［44H］，就可以同时命令总线上所有的 DS18B20 开始转换温度，这样大大节省了主机的时间。

值得注意的是：如果跳越 ROM 命令跟随的是读暂存器［BEH］的命令（包括其他读操作命令），则该命令只能应用于单节点系统，否则将由于多个节点都响应该命令而引起数据冲突。

5）报警搜索［ECH］，仅少数 1-wire 器件支持。除那些设置了报警标志的从机响应外，该命令的工作方式完全等同于搜索 ROM 命令。该命令允许主机设备判断哪些从机设备发生了报警。

（3）第三步功能命令

功能命令是按照器件的功能而设定，不同的单总线器件其功能命令各不相同。

二、单总线器件 DS18B20

DS18B20 是 Dallas 公司生产的一线式数字温度传感器，具有 3 引脚 TO-92 小体积封装形式，温度测量范围为−55～＋125℃，可编程为 9～12 位 ADC 转换精度，工作电源既可在远端引入，也可采用寄生电源方式产生，多个 DS18B20 可以并联到 3 根或 2 根线上，CPU 只需一根端口线就能与诸多 DS18B20 通信。

1. DS18B20 的内部结构

DS18B20 的内部结构如图 9-2 所示，主要由 4 部分组成：64 位 ROM、温度传感器、非挥发的温度报警触发器 TH 和 TL、配置寄存器。

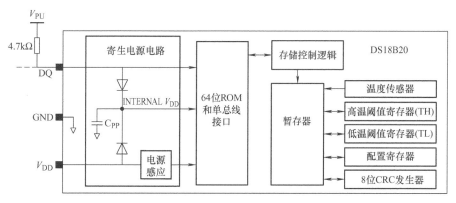

图 9-2　DS18B20 的内部结构

（1）64 位 ROM

ROM 中的 64 位序列号是出厂前被光刻好的，它可以看作是该 DS18B20 的地址序列码，每个 DS18B20 的 64 位序列号均不相同。64 位光刻 ROM 的排列是：开始（最低）8 位是产品类型标号，对于 DS18B20 来说就是 28H，接着的 48 位是该 DS18B20 自身的序列号，最后 8 位是前面 56 位的循环冗余校验码（CRC＝$X^8＋X^5＋X^4＋1$）。ROM 的作用是使每一个 DS18B20 都各不相同，这样就可以实现一根总线上挂接多个 DS18B20 的目的。

（2）高速寄存器

DS18B20 内部包含有 8 个字节的高速寄存器，如图 9-3 所示，用于存放转换的温度、设置的报警温度、设置的配置字以及 CRC 校验数据。其中报警温度和配置寄存器的值可以保存在器件内部的 EEPROM 中，在上电时自动读入到高速寄存器中。下面重点介绍配置寄存器 byte4、温度寄存器 byte0、byte1。

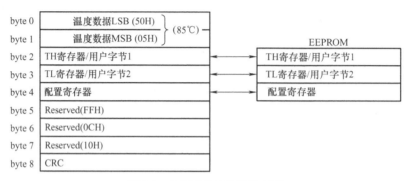

图 9-3　8 个字节的高速寄存器

1）配置寄存器。高速寄存器的 byte 4 是配置寄存器，用于设置 DS18B20 的转换精度。

bit 7	bit 6	bit 5	bit 4	bit 3	bit 2	bit 1	bit 0
0	R1	R0	1	1	1	1	1

R1 和 R0 的组合用于设定 DS18B20 内部模-数转换取的转换位数，从而提供不同的转换精度和转换速度。转换精度越高，转换速度越慢。转换位数和转换时间配置表如表 9-1 所示。

表 9-1　DS18B20 转换位数和转换时间配置表

R1	R0	转换位数/bit	最长转换时间/ms	
0	0	9	93.75	$t_{CONV}/8$
0	1	10	187.5	$t_{CONV}/4$
1	0	11	375	$t_{CONV}/2$
1	1	12	750	t_{CONV}

2）温度寄存器。高速寄存器的 byte0、byte1 是温度寄存器，用于存储测量的温度数据，共 2 个字节。DS18B20 使用其中的 12 位来存储温度值，存储的温度数据使用补码的形式。最高位 S 为符号位，负温度时，S＝1；正温度时，S＝0。

	bit 7	bit 6	bit 5	bit 4	bit 3	bit 2	bit 1	bit 0
LS byte	2^3	2^2	2^1	2^0	2^{-1}	2^{-2}	2^{-3}	2^{-4}

	bit 15	bit 14	bit 13	bit 12	bit 11	bit 10	bit 9	bit 8
MS byte	S	S	S	S	S	2^6	2^5	2^4

DS18B20 在上电时默认使用 12 位的转换精度，测量的温度分辨率可以达到 0.0625℃，即数字量变化 1LSB，温度变化为 0.0625℃。若通过配置位选择了不同的转换位数，则转换结果中相应的低位值在处理时应予以忽略。

2. DS18B20 的供电方式

DS18B20 的供电方式有两种：外部电源方式和寄生电源方式。

外部电源方式需要使用 3 根连接线，外部电源直接连接到 DS18B20 的电源引脚，可以提供较大的驱动能力，外部电源方式如图 9-4 所示。

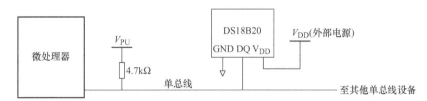

图 9-4　外部电源方式

寄生电源方式则通过数据线提供电源，只需要使用两根连接线，如图 9-5 所示。

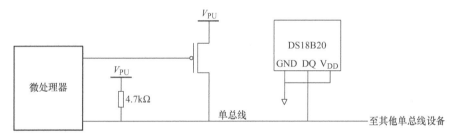

图 9-5　寄生电源方式

3. DS18B20 的功能命令

DS18B20 的功能命令主要用于实现温度的转换和寄存器的读写，功能命令集如表 9-2 所示。

表 9-2　DS18B20 功能命令集

命令	描述	命令代码	发送命令后，单总线上的响应信息	注释
温度转换命令				
转换温度	启动温度转换	44h	无	1
存储器命令				
读暂存器	这全部的暂存器内容，包括 CRC 字节	BEh	DS18B20 传输多达 9 个字节至主机	2
写暂存器	写暂存器第 2、3 和 4 个字节的数据（即 TH、TL 和配置寄存器）	4Eh	主机传输 3 个字节数据至 DS18B20	3
复制暂存器	将暂存器中的 TH、TL 和配置字节复制到 EEPROM 中	48h	无	1
回读 EEPROM	将 TH、TL 和配置字节从 EEP-ROM 回读至暂存器中	B8h	DS18B20 传送回读状态至主机	

注意：

1）在温度转换和复制暂存器数据至 EEPROM 期间，主机必须在单总线上允许强上拉，并且在此期间总线上不能进行其他数据传输。

2）通过发出复位脉冲，主机能够在任何时候中断数据传输。

3）在复位脉冲发出前，必须写入全部的三个字节。

4．DS18B20 的信号类型

所有的单总线器件要求采用严格的通信协议，以保证数据的完整性。

该协议定义了几种信号类型：复位脉冲、应答脉冲、写 0 、写 1 、读 0 和读 1 。所有这些信号除了应答脉冲以外，都由主机发出同步信号，并且发送所有的命令和数据都是字节的低位在前，这一点与多数串行通信格式不同，多数为字节的高位在前。

（1）初始化序列：复位和应答脉冲

单总线上的所有通信都是以初始化序列开始，包括主机发出的复位脉冲及从机的应答脉冲，如图 9-6 所示。

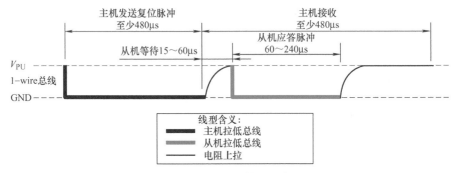

图 9-6　单总线初始化时序图

当从机发出响应主机的应答脉冲时，即向主机表明它处于总线上且工作准备就绪。在主机初始化过程并进入接收模式后，主机通过拉低单总线至少 480μs 以产生 Tx 复位脉冲，接着主机释放总线 Rx 。当总线被释放后 5kΩ 上拉电阻将单总线拉高，在单总线器件检测到上升沿后延时 15～60μs ，接着通过拉低总线 60～240μs 以产生应答脉冲。

（2）读/写时序

在写时序期间，主机向单总线器件写入数据。而在读时序期间，主机读入来自从机的数据。在每一个时序中，总线只能传输一位数据。主机读/写时序如图 9-7 所示。

1）写时序。存在两种写时序：写"1"和写"0"。主机采用写"1"时序向从机写入"1"，采用写"0"时序向从机写入"0"。所有写时序至少需要 60μs ，且在两次独立的写时序之间至少需要 1μs 的恢复时间。两种写时序均起始于主机拉低总线。

产生写"1"时序的方式：主机在拉低总线后，接着必须在 15μs 之内释放总线，由 5kΩ 上拉电阻将总线拉至高电平。产生写"0"时序的方式：在主机拉低总线后只需在整个时序期间保持低电平即可（至少 60μs ）。两种写时序在写时序起始后 15～60μs 期间，单总线器件采样总线电平状态。如果在此期间采样为高电平则逻辑"1"被写入该器件，如果为低电平则写入逻辑"0"。

2）读时序。单总线器件仅在主机发出读时序时才向主机传输数据，所以在主机发出读

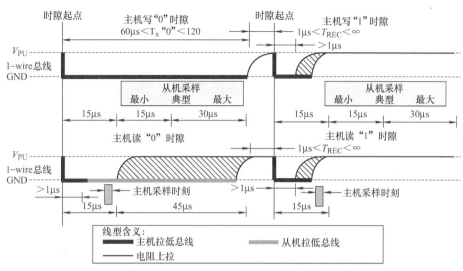

图 9-7 主机读/写时序图

数据命令后必须马上产生读时序，以便从机能够传输数据。所有读时序至少需要 $60\mu s$，且在两次独立的读时序之间至少需要 $1\mu s$ 的恢复时间。每个读时序都由主机发起，至少拉低总线 $1\mu s$。在主机发起读时序之后，单总线器件才开始在总线上发送 "0" 或 "1"。若从机发送 "1"，则保持总线为高电平；若发送 "0"，则拉低总线。当发送 "0" 时，从机在该时序结束后释放总线，由上拉电阻将总线拉回至空闲高电平状态。从机发出的数据在起始时序之后保持有效时间 $15\mu s$，因而主机在读时序期间必须释放总线，并且在时序起始后的 $15\mu s$ 之内采样总线状态。

9.2.2 I²C 总线器件 LM75 及应用

一、I²C 总线概述

I²C（Inter-Integrated Circuit）总线是一种由 PHILIPS 公司开发的双向两线式串行总线，用于连接微控制器及其外围设备。I²C 总线最主要的优点是其简单性、有效性和支持多主控。

1. I²C 总线的构成及信号类型

I²C 总线是由数据线 SDA 和时钟 SCL 构成的串行总线，可发送和接收数据。在 CPU 与被控 IC 之间、IC 与 IC 之间进行双向传输，最高传输速率为 100kbit/s。各种被控制电路均并联在这条总线上，每个电路和模块都有唯一的地址，在信息的传输过程中，I²C 总线上并接的每一模块电路既是主控器（或被控器），又是发送器（或接收器），这取决于它所要完成的功能。I²C 总线扩展示意图如图 9-8 所示。

I²C 总线在传输数据的过程中共有三种类型信号，分别是：开始信号、结束信号和应答信号。

1）开始信号：SCL 为高电平时，SDA 由高电平向低电平跳变，开始传输数据，其时序如图 9-9 所示。

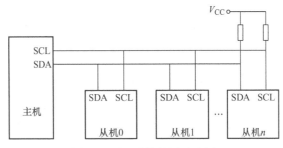

图 9-8　I²C 总线扩展示意图

结束信号：SCL 为高电平时，SDA 由低电平向高电平跳变，结束传输数据，其时序如图 9-10 所示。

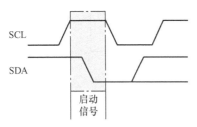

图 9-9　I²C 总线开始信号时序图

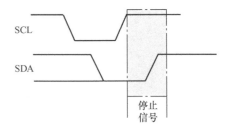

图 9-10　I²C 总线停止信号时序图

3）应答信号：I²C 总线规定，每传输一个字节的数据都要有一个应答信号，以确定数据传输是否被对方接收到。因此应答信号由接收数据的一方产生，是 SCL 线上第 9 个时钟脉冲所对应的 SDA 状态。当该状态为低电平"0"时，表示有应答信号，数据传输正确；当该状态为高电平"1"时，表示无应答。I²C 总线应答与非应答信号时序如图 9-11 所示。

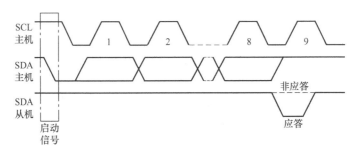

图 9-11　I²C 总线应答与非应答信号时序图

2. I²C 总线的从器件地址

I²C 总线上传输的数据信号是广义的，既包括地址信号，又包括真正的数据信号。

当主器件在 I²C 总线上发送了开始信号后，接着发送从器件的地址，对从器件进行寻址。I²C 总线上从器件地址有 7 位和 10 位两种。7 位从器件地址格式如表 9-3 所示。

表 9-3　7 位从器件地址格式

位序号	D7	D6	D5	D4	D3	D2	D1	D0
位名称	DA3	DA2	DA1	DA0	A2	A1	A0	R/$\overline{\text{W}}$
	器件地址				可编程地址			

地址字节中的高 7 位构成从器件地址，它由固定的器件地址 DA3～DA0 和可编程地址 A2～A0 两部分组成。

DA3～DA0：器件地址。器件地址在器件出厂时就已给定，是 I²C 总线器件固有的地址编码。LM75 的器件地址为 1001。

A2～A0：可编程地址。可编程地址由 I²C 总线上器件在电路中的连接形式而定，它决定了在 I²C 总线上接入相同类型的从器件的最大数目，可编程地址 A2～A0 为 3 位时，仅能寻址 8 个相同类型的器件，即可以有 8 个相同类型的器件接入到该 I²C 总线系统中。

R/$\overline{\text{W}}$：方向位。方向位表示数据流的传输方向。当 R/$\overline{\text{W}}$＝0 时，表示发送数据，即主器件将数据信息写入寻址的从器件；当 R/$\overline{\text{W}}$＝1 时，表示主器件从从器件中接收信息。

主器件发送从器件的地址后，I²C 总线上的每个从器件都将这 7 位地址与自己的地址作比较，如果相同，则认为自己正被主器件寻址，然后根据 R/$\overline{\text{W}}$确定自己是发送器还是接收器。

3. I²C 总线的基本操作

（1）字节传输与应答

每一个字节必须保证是 8 位长度。当数据传输时，先传输最高位（MSB），每一个被传输的字节后面都必须跟随一位应答位（即一帧共有 9 位）。

由于某种原因从机不对主机寻址信号应答时（如从机正在进行实时性的处理工作而无法接收总线上的数据），它必须将数据线置于高电平，而由主机产生一个终止信号以结束总线的数据传输。

如果从机对主机进行了应答，但在数据传输一段时间后无法继续接收更多的数据时，从机可以通过对无法接收的第一个数据字节的“非应答”通知主机，主机则应发出终止信号以结束数据的继续传输。

当主机接收数据时，它收到最后一个数据字节后，必须向从机发出一个结束信号。这个信号是由对从机的“非应答”来实现的，然后，从机释放 SDA 线，以允许主机产生结束信号。

（2）帧格式

在 I²C 总线的一次数据传输过程中，数据帧有以下几种格式：

1）写操作。主器件向从器件发送数据，数据传输方向在整个传输过程中不变，格式如下：

启动 信号	从器件 地址	0	应答 信号	数据 1	应答 信号	数据 2	应答/非应答信号	停止 信号

2）读操作。主器件从从器件接收数据，数据传输方向在整个传输过程中不变，格式如下：

启动 信号	从器件 地址	1	应答 信号	数据 1	应答信号	数据 2	非应答 信号	停止 信号

在数据传输过程中，如果需要改变传输方向，则启动信号和从器件地址都要重新由主器件来发送，但两次读/写方向位（R/$\overline{W}$）正好反相。格式如下：

主器件发送数据							主器件接收数据					
启动信号	从器件地址	0	应答信号	数据	应答/非应答信号	停止信号	启动信号	从器件地址	1	应答信号	数据	非应答信号	停止信号

注：阴影部分表示数据由主器件向从器件传输，无阴影部分则表示数据由从器件向主器件传输。

软件模拟 I²C 总线的工作时序时相关的函数有初始化总线、启动信号、应答信号、停止信号、非应答信号、写一个字节、读一个字节，应严格按照 I²C 时序编写驱动函数。

二、I²C 总线器件 LM75A

LM75A 是一款内置带隙温度传感器和 $\Sigma-\Delta$ 模－数转换功能的温度数字转换器，它也是温度检测器，可提供过热输出功能。其封装和引脚功能如图 9-12 所示。

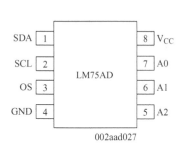

引脚号	符号	功能说明
1	SDA	串行数据线
2	SCL	串行时钟线
3	OS	过热关断输出，开漏
4	GND	地
5	A2	用户定义地址2
6	A1	用户定义地址1
7	A0	用户定义地址0
8	V_CC	电源

图 9-12　LM75A 封装和引脚功能

1. LM75A 内部结构

LM75A 内部包含多个数据寄存器：配置寄存器（Conf）用来存储器件的某些设置，如器件的工作模式、OS 工作模式、OS 极性和 OS 错误队列等；温度寄存器（Temp）用来存储读取的数字温度；设定点寄存器（Tos & Thyst）用来存储可编程的过热关断和滞后限制，器件通过两线的串行 I²C 总线接口与控制器通信。LM75A 还包含一个开漏输出（OS）引脚，当温度超过编程限制的值时该输出有效。LM75A 有 3 个可选的逻辑地址引脚，使得同一总线上可同时连接 8 个器件而不发生地址冲突。LM75A 系统框图如图 9-13 所示。

2. LM75A 内部寄存器

（1）温度寄存器 Temp（地址 0x00）

温度寄存器是一个只读寄存器，包含 2 个 8 位的数据字节，由一个高数据字节（MS）和一

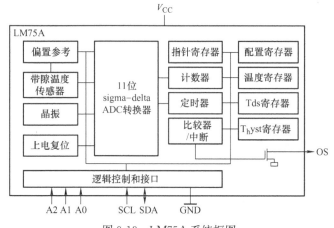

图 9-13　LM75A 系统框图

个低数据字节（LS）组成。在这两个字节中只用到 11 位来存放分辨率为 0.125℃ 的 Temp 数据（以二进制补码数据的形式），如表 9-4 所示。对于 8 位的 I²C 总线来说，只要从 LM75A 的"00 地址"连续读两个字节即可（温度的高 8 位在前）。

表 9-4　温度寄存器数据格式

Temp MS 字节								Temp LS 字节							
MSB							LSB	MSB							LSB
B7	B6	B5	B4	B3	B2	B1	B0	B7	B6	B5	B4	B3	B2	B1	B0
Temp 数据（11 位）											未使用				
MSB									LSB						
D10	D9	D8	D7	D6	D5	D4	D3	D2	D1	D0	X	X	X	X	X

根据 11 位的 Temp 数据来计算 Temp 值的方法：

若 D10＝0，温度值（℃）＝＋Temp 数据×0.125℃；若 D10＝1，温度值（℃）＝－Temp数据的二进制补码×0.125℃。

（2）配置寄存器（地址 0x01）

配置寄存器为 8 位可读写寄存器，其位功能分配如表 9-5 所示。

表 9-5　配置寄存器位功能

D7	D6	D5	D4	D3	D2	D1	D0
保留			OS 故障队列		OS 极性	OS 比较/中断	关断

D7～D5：保留，默认为 0。

D4～D3：用来编程 OS 故障队列。00 到 11 代表的值为 1、2、4、6，默认值为 0。

D2：用来选择 OS 极性。D2＝0，OS 低电平有效（默认）；D2＝1，OS 高电平有效。

D1：选择 OS 工作模式。D1＝0，配置成比较器模式，直接控制外围电路；D1＝1，OS 控制输出功能配置成中断模式，以通知 MCU 进行相应处理。

D0：选择器件工作模式。D0＝0，LM75A 处于正常工作模式（默认）；D0＝1，LM75A 进入关断模式。

（3）滞后寄存器 Thyst（0x02）

滞后寄存器是读/写寄存器，也称为设定点寄存器，提供了温度控制范围的下限温度。

每次转换结束后，Temp 数据（取其高 9 位）将会与存放在该寄存器中的数据相比较，当环境温度低于此温度时，LM75A 将根据当前模式（比较、中断）控制 OS 引脚做出相应反应。该寄存器都包含 2 个 8 位的数据字节，但 2 个字节中，只有 9 位用来存储设定点数据（分辨率为 0.5℃ 的二进制补码），其数据格式如表 9-6 所示，默认为 75℃。

表 9-6　低/高报警温度寄存器数据格式

D15	D14～D8							D7	D6～D0
T8	T7	T6	T5	T4	T3	T2	T1	T0	未定义

（4）过温关断阈值寄存器 Tos（0x03）

过温关断阈值寄存器提供了温度控制范围的上限温度。每次转换结束后，Temp 数据

（取其高 9 位）将会与存放在该寄存器中的数据相比较，当环境温度高于此温度的时候，LM75A 将根据当前模式（比较、中断）控制 OS 引脚做出相应反应。其数据格式如表 9-6 所示，默认为 80℃。

9.2.3 SPI 总线器件 DS1302 及应用

一、SPI 总线概述

SPI（Serial Peripheral Interface）是由美国摩托罗拉公司最先推出的高速的、全双工、同步的串行外围设备接口。它只需四条线就可以完成 MCU 与各种外围器件的通信，这四条线是：串行时钟线（SCK）、主机输入/从机输出数据线（MISO）、主机输出/从机输入数据线（MOSI）、低电平有效从机选择线 CS。其典型系统框图如图 9-14 所示。

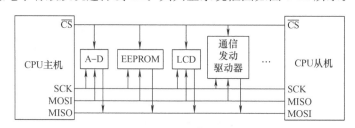

图 9-14　SPI 总线器件应用的典型系统框图

二、SPI 总线器件 DS1302

DS1302 是美国 Dallas 公司推出的一种高性能、低功耗、带 RAM 的实时时钟芯片，它可以对年、月、日、星期、时、分、秒进行计时，且具有闰年补偿功能，工作电压宽达 2.5～5.5V。

DS1302 的 SPI 接口其实比标准的 SPI 接口少了一根线，它包含 RST 线、SCLK 线、I/O 线（双向传输数据用，标准的 SPI 则将其分成两根 MISO 与 MOSI）3 条接线。DS1302 采用三线接口与 CPU 进行同步串行通信，并可采用突发方式一次传输多个字节的时钟信号或 RAM 数据。DS1302 内部有一个 31×8 位的用于临时存放数据的 RAM 寄存器。DS1302 是 DS1202 的升级产品，与 DS1202 兼容，但增加了主电源/后备电源双电源引脚，同时提供了对后备电源进行涓细电流充电的能力。

1. 引脚功能及结构图

DSl302 的引脚如图 9-15 所示。V_{CC1} 为后备电源，V_{CC2} 为主电源。在主电源关闭的情况下，也能保持时钟的连续运行。DSl302 由 V_{CC1} 或 V_{CC2} 两者中的较大者供电，当 V_{CC2} 大于 $V_{CC1} + 0.2V$ 时，V_{CC2} 给 DS1302 供电；当 V_{CC2} 小于 V_{CC1} 时，由 V_{CC1} 给 DS1302 供电。X1、X2 为振荡源，外接 32.768kHz 晶振。

图 9-15　DSl302 的引脚

$\overline{RST}$ 是复位、片选线，通过把 $\overline{RST}$ 置为高电平来启动所有的数据传输。$\overline{RST}$ 提供两种功能：①$\overline{RST}$ 接通控制逻辑，允许地址/命令序列送入移位寄存器；②$\overline{RST}$ 提供了终止单字节或多字节数据的传输手段。当 $\overline{RST}$ 为高电平时，所有的数据传输被初始化，允许对 DS1302 进行操作。如果在传输过程中置 $\overline{RST}$ 为低电平，则会终止此次数据传输，I/O 引脚变为高阻态。上电运行时，在 $V_{CC2} \geqslant 2.5V$ 之前，

$\overline{\text{RST}}$必须保持低电平。只有在 SCLK 为低电平时，才能将$\overline{\text{RST}}$置为高电平。I/O 为串行数据输入/输出端（双向），SCLK 为时钟输入端。具体功能描述如表 9-7 所示。

表 9-7　引脚功能描述

引脚号	引脚名称	功　　能	引脚号	引脚名称	功　　能
1	V_{CC2}	主电源	6	I/O	串行数据输入/输出端
2、3	X1、X2	振荡源，外接 32.768kHz 晶振	7	SCLK	串行时钟输入端
4	GND	接地	8	V_{CC1}	备用电源
5	$\overline{\text{RST}}$	复位/片选端			

DS1302 内部包含了实时时钟、内部 RAM、输入移位寄存器、振荡电路、电源控制电路、指令和控制逻辑电路，其内部结构如图 9-16 所示。

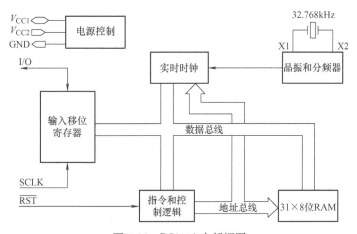

图 9-16　DS1302 内部框图

2. DSl302 的寄存器和 RAM

DS1302 内部共有 10 个寄存器，其地址如表 9-8 所示。其中，时钟/日历包含在 7 个写/读寄存器内。包含在时钟/日历寄存器内的数据是二－十进制（BCD 码）。

表 9-8　DS1302 内部寄存器地址表

寄存器名称	D7	D6	D5	D4	D3	D2	D1	D0
	1	RAM/$\overline{\text{CK}}$	A4	A3	A2	A1	A0	RD/$\overline{\text{W}}$
秒寄存器	1	0	0	0	0	0	0	RD/$\overline{\text{W}}$
分寄存器	1	0	0	0	0	0	1	RD/$\overline{\text{W}}$
小时寄存器	1	0	0	0	0	1	0	RD/$\overline{\text{W}}$
日寄存器	1	0	0	0	0	1	1	RD/$\overline{\text{W}}$
月寄存器	1	0	0	0	1	0	0	RD/$\overline{\text{W}}$
星期寄存器	1	0	0	0	1	0	1	RD/$\overline{\text{W}}$
年寄存器	1	0	0	0	1	1	0	RD/$\overline{\text{W}}$
写保护寄存器	1	0	0	0	1	1	1	RD/$\overline{\text{W}}$
慢充电寄存器	1	0	0	1	0	0	0	RD/$\overline{\text{W}}$
时钟突发寄存器	1	0	1	1	1	1	1	RD/$\overline{\text{W}}$

寄存器内容的定义如表 9-9 所示。

表 9-9　DS1302 内部寄存器定义内容

寄存器名称	命令字		取值范围	定义				
	写操作	读操作		7	6	5	4	3～0
秒寄存器	80H	81H	00～59	CH	秒(十位)			秒(个位)
分寄存器	82H	83H	00～59		分(十位)			分(个位)
小时寄存器	84H	85H	01～12/00～23	12/24	0	10 A/P	HR	HR
日寄存器	86H	87H	01～28/29 01～30 01～31	0	0	日期(十位)		日期(个位)
月寄存器	88H	89H	01～12	0	0	0	月(十位)	月(个位)
星期寄存器	8AH	8BH	0l～07	0	0	0	0	星期
年寄存器	8CH	8DH	01～99	年(十位)				年(个位)
写保护寄存器	8EH	8FH	—	WP	0	0	0	0
慢充电寄存器	90H	91H	—	TCS	TCS	TCS	TCS	DS DS S S
时钟突发寄存器	BEH	BFH	—					

CH：时钟暂停位，当此位设置为 1 时，振荡器停止，DS1302 处于低功率的备份方式；当此位设置为 0 时，时钟开始启动。

12/24：小时寄存器的位 7 定义为 12 或 24 小时方式选择位。当它为高电平时，选择 12 小时方式。在 12 小时方式下，位 5 是 AM/PM 位，此位为逻辑高电平表示 PM。在 24 小时方式下，位 5 是第 2 个 10 小时位（20～23 时）。

WP：写保护位，写保护寄存器的低 7 位（D0～D6）置为 0，在读操作时总是读出 0。在对时钟或 RAM 进行写操作之前，位 7（WP）必须为 0，当它为高电平时，写保护位防止对任何其他寄存器进行写操作。

慢速充电（Trickle Charge）寄存器用于控制 DS1302 的慢速充电特性。图 9-17 的简化电路表示慢速充电器的基本组成。

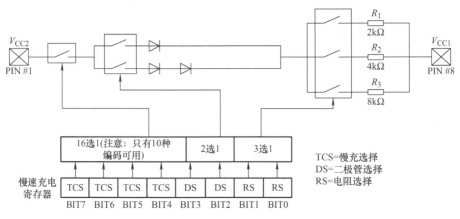

图 9-17　DS1302 可编程慢速充电器

TCS：慢速充电选择位。BIT4～BIT7 控制慢速充电器的选择。为了防止偶然的因素使之工作，只有 1010 模式才能使慢速充电器工作，所有其他的模式将禁止慢速充电器。DS1302 上电时，慢速充电器被禁止。

DS：二极管选择位。BIT2～BIT3 选择是一个二极管还是两个二极管连接在 V_{CC1} 与 V_{CC2} 之间。如果 DS 为 01，则选择一个二极管；如果 DS 为 10，则选择两个二极管。如果 DS 为 00 或 11，那么充电器被禁止，与 TCS 无关。

RS：电阻选择位。BIT0～BIT1 选择连接在 V_{CC1} 与 V_{CC2} 之间的电阻。电阻选择（RS）位选择的电阻如表 9-10 所示。

表 9-10 电阻选择位（RS）选择的电阻

RS 位	电阻	典型值	RS 位	电阻	典型值
00	无	无	10	R2	2kΩ
01	R1	2kΩ	11	R3	2kΩ

二极管和电阻的选择由用户根据电池或超容量电容充电所需的最大电流决定。最大充电电流可以按下列所说明的方法进行计算。

假定 5V 系统电源加到 V_{CC2} 而超容量电容接至 V_{CC1}，再假设慢速充电器工作时在 V_{CC2} 和 V_{CC1} 之间接有一个二极管和电阻 R1，则最大电流可计算如下：

$$I_{max} = (5.0V - 二极管压降)/R_1 \approx (5.0V - 0.7V)/2k\Omega \approx 2.2mA$$

显而易见，当超容量电容充电时，V_{CC2} 和 V_{CC1} 之间的电压减少，因而充电电流将会减小。

3. 数据读写控制

为了初始化任何的数据传输，把 $\overline{RST}$ 置为高电平且把提供地址和命令信息的 8 位控制命令字装入到移位寄存器。数据在 SCLK 的上升沿串行输入。无论是读周期还是写周期发生，也无论传输方式是单字节传输还是多字节传输，开始的 8 位控制命令字指定了 40 个字节中的哪个将被访问。在开始的 8 个时钟周期把命令字装入移位寄存器之后，另外的时钟在读操作时输出数据，在写操作时输入数据。控制字格式结构如下：

D7	D6	D5	D4	D3	D2	D1	D0
1	RAM/$\overline{CK}$	A4	A3	A2	A1	A0	RD/$\overline{W}$

每一数据传输由命令字节初始化。最高有效位 MSB（位 7）必须为逻辑 1。如果它是零，禁止写 DS1302。位 6 为逻辑 0 指定时钟/日历数据，逻辑 1 指定 RAM 数据，位 1～5 指定进行输入或输出的特定寄存器。最低有效位 LSB（位 0）为逻辑 0 指定进行写操作（输入），逻辑 1 指定进行读操作（输出）。命令字节总是从最低有效 LSB（位 0）开始输入。

DS1302 支持单字节和多字节两种数据读写方式。

单字节方式是在把控制命令字写入 DS1302 之后的 8 个 SCLK 周期的上升沿输入/输出数据字节。

通过对地址 31（十进制）寻址（地址/命令位 1～5＝逻辑 1），可以把时钟/日历或 RAM 寄存器规定为多字节（Burst）方式。如前所述，位 6 规定时钟或 RAM 而位 0 规定读或写。在时钟/日历寄存器中的地址 9～31 或 RAM 寄存器中的地址 31 不能存储数据。在多字节方式中读或写从地址 0 的位 0 开始。当以多字节方式写时钟寄存器时，必须按数据传输的次序写最先 8 个寄存器。但是，当以多字节方式写 RAM 时，为了传输数据不必写所有 31 个字节。不管是否写了全部 31 个字节，所写的每一个字节都将传输至 RAM。

单字节和多字节传输方式描述如图 9-18 所示。

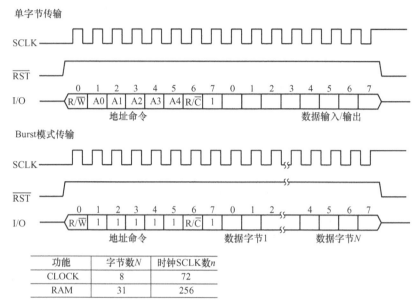

图 9-18　DS1302 数据传输方式

4. 读写时序

DS1302 的数据传输必须按照正确的时序才能完成，其读写时序如图 9-19、图 9-20 所示。

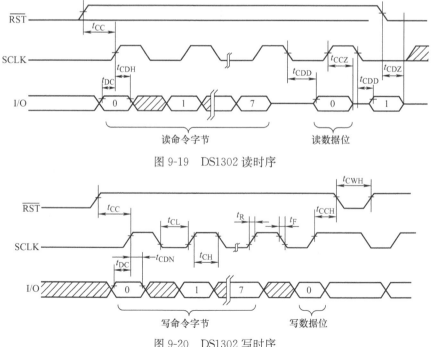

图 9-19　DS1302 读时序

图 9-20　DS1302 写时序

9.3 项目实施

9.3.1 任务一：采用单总线器件 DS18B20 实现测温

一、任务目标

利用最小系统的开发板，扩展 DS18B20 测温电路，在板子的数码管上实时显示当前的温度，数据显示格式为±XXX.XX ℃，其中＋、－为正、负号，占一位数码管显示，数据 XXX.XX 占 5 位数码管显示，℃为温度符号位，占一位数码管显示。

二、硬件原理电路

任务一硬件连线图如图 9-21 所示，数码管显示电路直接用最小系统板上的，没有画出。

图 9-21 任务一硬件连线图

三、 软件流程

任务一软件流程图如图 9-22 所示。

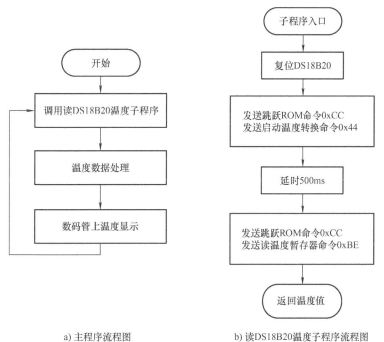

a) 主程序流程图   b) 读DS18B20温度子程序流程图

图 9-22 任务一软件流程图

四、参考代码

任务一参考代码如下：

```
#include <reg51. h>
#include <intrins. h>
#define uchar unsigned char
sbit DQ=P1^4;//定义通信端口
sbit ser=P2^1;        //LED 显示 595 数据输入
sbit srclk=P2^2;
sbit rclk=P2^3;
uchar code LED[]={0xc0,0xf9,0xa4,0xb0,0x99,0x92,0x82,0xf8,0x80,0x90,0X88,
0x83,0xc6,0x9c,0xff,0xbf};//共阳极段码表 0123456789＋－
uchar code LED_dot[10]={0x40,0x79,0x24,0x30,0x19,0x12,0x02,0x78,0x00,0x10};
//带小数点的 0～9 共阳极段码表－－/
uchar idata T[8]={ 14,0,0,0,0, 0,0,0};
unsigned char seg,weima=0xfe;
unsigned char FLAG=0;
bit zf_flag;
void delayx_us(unsigned char i)      //11×x+12
{while(i－－);   }
///////////////////////////////////////////////////////////////////////
//IAP15W4K58S4 精确延时,包含调用和返回的指令,时间为 1.45μs
///////////////////////////////////////////////////////////////////////
void delay1_us()    //1.45μs
{_nop_();_nop_();_nop_();
_nop_();_nop_();_nop_();
}
///////////////////////////////////////////////////////////////////////
//74HC595 串并转换处理
///////////////////////////////////////////////////////////////////////
void    outbyte(uchar a,b)
{uchar j;
    for(j=0;j<8;j++)
    { if(a&0x80)  ser=1;  else  ser=0;
      a=a<<1;
      srclk=0;
      srclk=1;
    }
  for(j=0;j<8;j++)
    { if(b&0x80)  ser=1;  else  ser=0;
      b=b<<1;
```

```
      srclk=0;
      srclk=1;
    }
  rclk=0;
  rclk=1;
}
//////////////////////////////////////////////////////////////////
//DS18B20 初始化
//////////////////////////////////////////////////////////////////
uchar Init_DS18B20(void)
{ unsigned char flag=0;
  DQ=0;        //单片机将 DQ 拉低
  delayx_us(250);//精确延时 480~960μs
  delayx_us(250);
  DQ=1;        //拉高总线
  delayx_us(30);   //15~60μs
  flag=DQ;        //稍做延时后，如果 x=0，则初始化成功；x=1，则初始化失败
  delayx_us(240);
  DQ=1;
  delayx_us(250);
  return(flag) ;
}
//////////////////////////////////////////////////////////////////
//读 DS18B20 的一位数据
//////////////////////////////////////////////////////////////////
uchar ReadBit(void)
{bit s;
  DQ=1;   //拉高电平,准备启动读时序
 delay1_us();
  DQ=0;
 delay1_us();
 delay1_us();
  DQ=1;                   //在 15μs 内停止低电平
 delay1_us();
 delay1_us();
 delay1_us();
 delay1_us();
 delay1_us();
```

```
delay1_us();
delay1_us();
s＝DQ;          //读取一位数据
delayx_us(60);    //读时序不能少于 60μs
return(s);
}
/////////////////////////////////////////////////////////////////////////
//读 DS18B20 的 1B(字节)数据
/////////////////////////////////////////////////////////////////////////
uchar ReadOneChar(void)
{
unsigned char i,dat＝0;
unsigned char    j;
for (i＝0;i＜8;i＋＋)
{ j＝ReadBit();
  dat＝(j＜＜7)|(dat＞＞1);
}
return(dat);
}
/////////////////////////////////////////////////////////////////////////
//向 DS18B20 写入 1B 数据
/////////////////////////////////////////////////////////////////////////
void WriteOneChar(unsigned char dat)
{
unsigned char i＝0;
bit n;
 for (i＝0;i＜8;i＋＋)
{   DQ＝1;              //拉高电平,准备启动写时序
  delay1_us();
  n＝dat&0x01;
  dat＞＞＝1;            //取下一位,由低到高
  if(n)                //写 1
    {
      DQ＝0;           //拉低电平,15μs 内释放总线
    delay1_us();
    delay1_us();
      DQ＝1;           //写 1
      delayx_us(60);   //整个时序不能低于 60μs
```

```
        }
    else                    //写 0
        {
    DQ=0;
    delayx_us(60);          //保持低电平 60～120μs
    DQ=1;
    delay1_us();
        }
    }
}
/////////////////////////////////////////////////////////////////////////////
//8 位数码管显示处理
/////////////////////////////////////////////////////////////////////////////
void display(void)
{ unsigned char i;
weima=0xfe;
for(i=0;i<8;i++)
    {if(i! =4)
        { seg=LED[T[i]];
          outbyte(weima,seg);   }
     else
        { seg=LED_dot[T[i]];
          outbyte(weima,seg);   }
weima=(weima<<1)|0x01;
}
    outbyte(0xff,0x00);
}
/////////////////////////////////////////////////////////////////////////////
//读温度传感器的转换温度值并进行数据的转换处理
/////////////////////////////////////////////////////////////////////////////
float ReadTemperature(void)
{
float value;
unsigned char a, b;
unsigned int tempInt=0,tempdot=0,tempwhole=0;
Init_DS18B20();
WriteOneChar(0xcc);
WriteOneChar(0x44);
```

```
display();
display();
display();
Init_DS18B20();
WriteOneChar(0xcc);
WriteOneChar(0xbe);
a=ReadOneChar();
b=ReadOneChar();
tempwhole=(b<<8)|a;
if(tempwhole&0x8000)
{
tempwhole=(~tempwhole+1);
value=tempwhole*0.0625;
zf_flag=1;
}
else
{
tempInt=b;
tempdot=a;
tempwhole=tempInt*256+tempdot;
value=tempwhole*0.0625;        //基本单位为 0.0625
zf_flag=0;
}
return(value);
}
///////////////////////////////////////////////////////////////////////
//主函数，调用 ReadTemperature()提取整数部分和小数部分送数码管显示
///////////////////////////////////////////////////////////////////////
main()
{float temperature;
 unsigned int m,n ;
 while(1)
{
temperature=ReadTemperature();//读温度
m=temperature;
T[6]=m/100;
T[5]=(m%100)/10;
T[4]=m%10;
```

```
n＝(temperature－m)＊100＋0.5;
T[3]＝n/10;
T[2]＝n%10;
T[1]＝13;
T[0]＝12;
if(zf_flag)
T[7]＝15;                    //－
else
T[7]＝14;                    //＋
 display();
}
}
```

9.3.2　任务二：采用 I²C 总线器件 LM75 实现测温

一、任务目标

利用板上 LM75 模块电路和液晶模块实现温度在液晶上的显示。

二、硬件原理电路

任务二硬件连线图如图 9-23 所示。

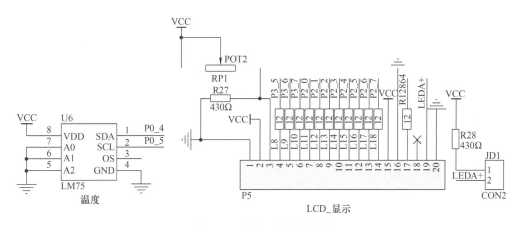

图 9-23　任务二硬件连线图

三、软件流程

任务二软件流程图如图 9-24 所示。程序采用模块化编程，分模块编写。

四、参考代码

注：此处程序采用模块化编程，1602 液晶的驱动程序直接调用前文的 1602. h、1602. c，此处参考代码没有提供。

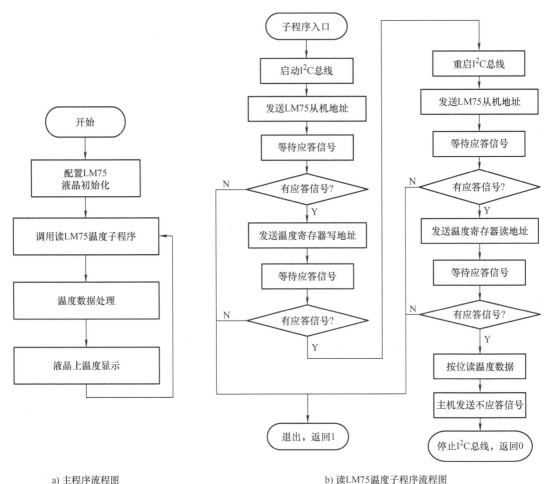

a) 主程序流程图   b) 读LM75温度子程序流程图

图 9-24 任务二软件流程图

```
//LM75 头文件
#ifndef __LM75_H__
#define __LM75_H__
#define uchar unsigned char
#define uint unsigned int
#define Byte unsigned char
#define Word unsigned int
#define bool bit
#define true 1
#define false 0
#define FourNOPs(); _nop_(); _nop_(); _nop_(); _nop_();
void I2CStart(void);
void I2CStop(void);
bool WaitAck(void);
```

```
void SendAck(void);
void SendNotAck(void);
void I2CSendByte(Byte ch);
Byte I2CReceiveByte(void);
bit ReadTemp(uchar addr,uchar sub_addr,uchar * s,uchar num);
void LM75A_TempPro();
bit I2C_Init();
#endif
//LM75 驱动源文件
#include <reg52. h>
#include "LM75. h"
#include <intrins. h>
sbit SDA =P0^4;
sbit SCL =P0^5;
extern uchar data Temp[2];   //接收缓冲区
extern uchar data Addr   ; //器件地址
extern uchar Dis[];//声明
////////////////////////////////////////////////////////////////////
//I²C 开始位//
//调用方式:void I2CStart(void)   函数说明:私有函数,I²C 专用
////////////////////////////////////////////////////////////////////
void I2CStart(void)
{
 SDA−1;
 SCL=1;
 FourNOPs();//INI
 SDA=0;
 FourNOPs(); //START
 SCL=0;
}
////////////////////////////////////////////////////////////////////
//I²C 停止位
// 调用方式:void I2CStop(void)   函数说明:私有函数,I²C 专用
////////////////////////////////////////////////////////////////////
void I2CStop(void)
{
    SCL=0;
    SDA=0;
    FourNOPs(); //INI
```

```
        SCL=1;
        FourNOPs();
        SDA=1; //STOP
    }
////////////////////////////////////////////////////////////////
// 调用方式：bit I2CAck(void)
// 函数说明：私有函数，I²C 专用，等待从器件接收方的应答
////////////////////////////////////////////////////////////////
bool WaitAck(void)
{
    uchar errtime=255;//因故障接收方无 ACK，超时值为 255
    SDA=1;
    FourNOPs();
    SCL=1;
    FourNOPs();
    while(SDA)
    {
        errtime——; if (! errtime) {I2CStop();
        return false;}
    }
    SCL=0;
    return true;
}
////////////////////////////////////////////////////////////////
// 调用方式：void SendAck(void)
// 函数说明：私有函数，I²C 专用，主器件为接收方、从器件为发送方时，应答信号
////////////////////////////////////////////////////////////////
void SendAck(void)
{
    SDA=0;
    FourNOPs();
    SCL=1;
    FourNOPs();
    SCL=0;
}
// 调用方式：void SendNotAck(void)
// 函数说明：私有函数，I²C 专用，主器件为接收方、从器件为发送方时，非应答信号
////////////////////////////////////////////////////////////////
void SendNotAck(void)
```

```
{
    SDA=1;
    FourNOPs();
    SCL=1;
    FourNOPs();
    SCL=0;
}
////////////////////////////////////////////////////////////////
//调用方式：void I2CSendByte(uchar ch)
//函数说明：私有函数，I²C 专用
////////////////////////////////////////////////////////////////
void I2CSendByte(Byte ch)
{
    uchar i=8;
    while (i——)
    {
        SCL=0;_nop_();
        SDA=(bit)(ch&0x80);
        ch<<=1;
        FourNOPs();
        SCL=1;
        FourNOPs();
    }
    SCL-0;
}
////////////////////////////////////////////////////////////////
// 调用方式：uchar I2CReceiveByte(void)
// 函数说明：私有函数，I²C 专用
////////////////////////////////////////////////////////////////
Byte I2CReceiveByte(void)
{
    uchar i=8;
    Byte ddata=0;
    SDA=1;
    while (i——)
    {
        ddata<<=1;
        SCL=0;
        FourNOPs();
```

```
            SCL=1;
            FourNOPs();
            ddata|=SDA;
        }
        SCL=0;
        return ddata;
}
///////////////////////////////////////////////////////////////////
// 函数:ReadTemp()
// 功能:读出 LM75A 的温度值数据(乘以 0.125 可得到摄氏度值)
///////////////////////////////////////////////////////////////////
bit ReadTemp(uchar addr,uchar sub_addr,uchar * s,uchar num)
{
    uchar i;
    I2CStart();//启动总线
    I2CSendByte(addr);//发送从机地址
    if (! WaitAck())    //如果从机没有应答,则跳出本次读程序
        {
            I2CStop();
            return 1;
        }
    I2CSendByte(sub_addr);//发送温度寄存器地址
    if (! WaitAck())
        {
            I2CStop();
            return 1;
        }
    I2CStart();//启动总线
    I2CSendByte(addr+1);//发送从机地址
    if (! WaitAck())
        {
            I2CStop();
            return 1;
        }
    for(i=0;i<num-1;i++)
        {
            * s=I2CReceiveByte();
            SendAck();
            s++;
```

```
        }
    * s＝I2CReceiveByte();
    SendNotAck();
    I2CStop();
    return 0;
}
//////////////////////////////////////////////////////////////
// 函数:LM75A_TempPro
// 功能:对读出 LM75A 的温度值数据进行处理,以便在液晶屏上显示
// 返回:LM75A 温度寄存器的数值(乘以 0.125 可得到摄氏度值)
//////////////////////////////////////////////////////////////
void LM75A_TempPro()
{
    int t;
    unsigned int temp;
    t = Temp[0];
    t <<= 8;
    t += Temp[1];
    t >>= 5;    //去掉无关位
    temp＝t * 125;
    temp＝temp%100000;
    Dis[9]＝temp/10000＋0x30;        //取十位数并转换为 ASCII 码
    temp＝temp%10000;
    Dis[10]＝temp/1000＋0x30;        //取个位数并转换为 ASCII 码
    temp＝temp%1000;                 //小数位开始
    Dis[12]＝temp/100＋0x30;         //取小数位第一位并转换为 ASCII 码
    temp＝temp%100;
    Dis[13]＝temp/10＋0x30;          //取小数位第二位并转换为 ASCII 码
    Dis[14]＝temp%10＋0x30;          //取小数位第三位并转换为 ASCII 码
}
//////////////////////////////////////////////////////////////

// 函数:I2C_Init()
// 功能:I²C 总线初始化,使总线处于空闲状态
// 说明:在 main()函数的开始处,通常应当要执行一次本函数
//////////////////////////////////////////////////////////////
bit I2C_Init()
{
    SCL = 1;
    FourNOPs();
```

```
        SDA = 1;
        FourNOPs();
        I2CStart();//启动总线
        I2CSendByte(Addr);//发送从机地址
        if (! WaitAck())    //如果从机没有应答,则跳出本次读程序
         {
            I2CStop();
            return 1;
         }
        I2CSendByte(0x03);//发送过热关断寄存器地址
        if (! WaitAck())
         {
            I2CStop();
            return 1;
         }
        I2CSendByte(0xFA);//发送过热关断寄存器上限值
        if (! WaitAck())
         {
            I2CStop();
            return 1;
         }
        I2CStop();
        return 0;
}
//main 函数调用
#include <reg51.h>
#include "LM75.h"
#include "1602.h"
#define uchar unsigned char
uchar Dis[]="Temp is:000.000 ";//定义显示格式
uchar data Temp[2]={0};   //接收缓冲区
uchar data Addr=0x90;      //器件地址
void main()
{
 uchar i;
 delay_2s();
 I2C_Init();
 lcd_init();
 lcd_cls();
```

```
while(1)
    {
    while(ReadTemp(Addr,0x00,Temp,2)) ReadTemp(Addr,0x00,Temp,2);
                        //读取当前温度值,如果前一次读取失败则继续读取
        LM75A_TempPro();    //数据处理
        lcd_wrcmd(0x80);
        for(i=0;i<0x10;i++)
            {
                lcd_wrdata(Dis[i]); }
    }
}
```

9.3.3 任务三:采用 SPI 串行总线器件 DS1302 实现电子万年历

一、任务目标

利用板上液晶模块和 DS1302 电子万年历模块实现日期和时间的显示。

二、硬件原理电路

任务三硬件连线图如图 9-25 所示。

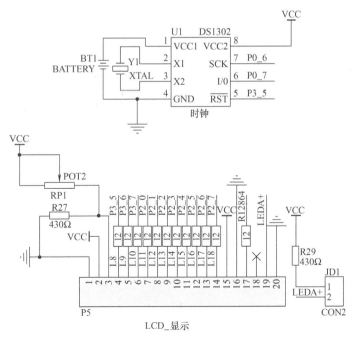

图 9-25 任务三硬件连线图

四、软件流程

任务三软件流程图如图 9-26 所示。

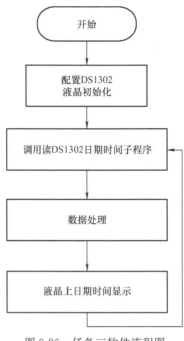

图 9-26 任务三软件流程图

四、参考代码

注：此处程序采用模块化编程，1602 液晶的驱动程序直接调用前文的 1602. h、1602. c，此处参考代码没有提供。

```c
//DS1302 头文件
#ifndef __DS1302_H__
#define __DS1302_H__
#define AM(X)    X
#define PM(X)    (X+12)                    // 转成 24 小时制
#define DS1302_SECOND   0x80
#define DS1302_MINUTE   0x82
#define DS1302_HOUR     0x84
#define DS1302_WEEK     0x8A
#define DS1302_DAY      0x86
#define DS1302_MONTH    0x88
#define DS1302_YEAR     0x8C
#define DS1302_RAM(X)   (0xC0+(X)*2)     //用于计算 DS1302_RAM 地址的宏
void Initial_DS1302(void);
void DS1302_SetTime(unsigned char Address, unsigned char Value)          ;
unsigned char Read1302(unsigned char ucAddr)    ;
void Write1302(unsigned char ucAddr, unsigned char ucData)    ;
```

```c
unsigned char DS1302OutputByte(void) ;
void DS1302InputByte(unsigned char d) ;
void DS1302_GetTime();
#endif
```

//DS1302 源文件

```c
#include <reg51.h>
#include "DS1302.h"
sbit    DS1302_CLK=P0^6;              //实时时钟时钟线引脚
sbit    DS1302_IO=P0^7;               //实时时钟数据线引脚
sbit    DS1302_RST=P3^5;              //实时时钟复位线引脚
sbit           ACC0=ACC^0;
sbit           ACC7=ACC^7;
```

//实时时钟写入 1B(内部函数)

```c
void DS1302InputByte(unsigned char d)
{   unsigned char i;
    ACC = d;
    for(i=8; i>0; i--)
    {   DS1302_IO = ACC0;                //相当于汇编中的 RRC
        DS1302_CLK = 1;
        DS1302_CLK = 0;
        ACC = ACC >> 1;
    }
}
```

//实时时钟读取 1B(内部函数)

```c
unsigned char DS1302OutputByte(void)
{   unsigned char i;
    for(i=8; i>0; i--)
    {
        ACC = ACC >>1;                   //相当于汇编中的 RRC
        ACC7 = DS1302_IO;
        DS1302_CLK = 1;
        DS1302_CLK = 0;
    }
    return(ACC);
}
```

//写 1302 函数,ucAddr：DS1302 地址，ucData：要写的数据

```c
void Write1302(unsigned char ucAddr, unsigned char ucData)
{   DS1302_RST = 0;
    DS1302_CLK = 0;
```

```
        DS1302_RST = 1;
        DS1302InputByte(ucAddr);          // 地址命令
        DS1302InputByte(ucData);          // 写 1B 数据
        DS1302_CLK = 1;
        DS1302_RST = 0;
}
//读取 DS1302 某地址的数据
unsigned char Read1302(unsigned char ucAddr)
{
        unsigned char ucData;
        DS1302_RST = 0;
        DS1302_CLK = 0;
        DS1302_RST = 1;
        DS1302InputByte(ucAddr|0x01);     // 地址命令
        ucData = DS1302OutputByte();       // 读 1B 数据
        DS1302_CLK = 1;
        DS1302_RST = 0;
        return(ucData);
}
//是否写保护设置函数，1：写保护；0：去写保护
void DS1302_SetProtect(bit flag)
{   if(flag)
    Write1302(0x8E,0x80);
    else
    Write1302(0x8E,0x00);
}
// 设置时间函数
void DS1302_SetTime(unsigned char Address, unsigned char Value)
{
DS1302_SetProtect(0);
Write1302(Address, ((Value/10)<<4 | (Value%10)));
}
void Initial_DS1302(void)
{   unsigned char Second=Read1302(DS1302_SECOND);
if(Second&0x80)       //此位为"1"时，时钟振荡器停止；为"0"时，时钟振荡器启动
    DS1302_SetTime(DS1302_SECOND,0);
}
extern unsigned char DateTime[16];//全局变量
void DS1302_GetTime()
```

```
{  unsigned char ReadValue;
ReadValue = Read1302(DS1302_YEAR);
DateTime[0] = ((ReadValue&0x70)>>4)+0x30;
DateTime[1] = (ReadValue&0x0F)+0x30;
DateTime[2] = '-';
ReadValue = Read1302(DS1302_MONTH);
DateTime[3] = ((ReadValue&0x70)>>4)+0x30;
DateTime[4] = (ReadValue&0x0F)+0x30;
DateTime[5] = '-';
ReadValue = Read1302(DS1302_DAY);
DateTime[6] = ((ReadValue&0x70)>>4)+0x30;
DateTime[7] = (ReadValue&0x0F)+0x30;
ReadValue = Read1302(DS1302_HOUR);
DateTime[8] = ((ReadValue&0x70)>>4)+0x30;
DateTime[9] = (ReadValue&0x0F)+0x30;
DateTime[10] = ':';
ReadValue = Read1302(DS1302_MINUTE);
DateTime[11] = ((ReadValue&0x70)>>4)+0x30;
DateTime[12] = (ReadValue&0x0F)+0x30;
DateTime[13] = ':';
ReadValue = Read1302(DS1302_SECOND);
DateTime[14] = ((ReadValue&0x70)>>4)+0x30;
DateTime[15] = (ReadValue&0x0F)+0x30;
}
//液晶显示温度测试程序
#include <reg51.h>
#include "DS1302.h"
#include "1602.h"
unsigned char DateTime[16];//全局变量
void main(void)
{  delay_2s();
   lcd_init();
   Initial_DS1302();
   Write1302(0x8E,0x00);
Write1302(DS1302_YEAR,0x09);
Write1302(DS1302_MONTH,0x04);
Write1302(DS1302_DAY,0x23);
Write1302(DS1302_WEEK,0x04);
Write1302(DS1302_HOUR,0x15);
```

```
Write1302(DS1302_MINUTE,0x38);
Write1302(DS1302_SECOND,0x30);
Write1302(0x8E,0x80);
  for(;;)
  {
DS1302_GetTime();
lcd_string(DateTime);
  }}
```

习　　题

一、填空题

1. 1-wire 单总线用单根信号线既传输_____又传输_____，而且数据传输是_____的。

2. DS18B20 的供电方式有两种：_____和_____。

3. I²C 总线是一种由 PHILIPS 公司开发的双向_____串行总线，用于连接微控制器及其外围设备。

4. LM75A 有_____个可选的逻辑地址引脚，使得同一总线上可同时连接 8 个器件而不发生地址冲突。

二、简答题

1. 三种串行总线的特点分别是什么？

2. 单总线器件 DS18B20 的功能命令有哪些？

3. DS18B20 的初始化时序、读写数据时序是怎样的？写出相应的驱动程序。

4. I²C 总线的启动时序、停止时序是怎样的？写出相应的驱动程序。

5. LM75 的器件地址是多少？

6. LM75 的功能命令有哪些？

7. SPI 总线器件 DS1302 的寄存器有哪些？各个寄存器的功能是什么？

三、编程题

1. 在本项目任务一、任务二程序的基础上增加功能：当温度超过 40℃启动蜂鸣器报警，实现温度检测报警器的功能。试完成程序功能的添加，并在开发板上编程调试。

2. 在本项目任务三程序的基础上增加功能：通过按键（一个设定键、一个加键、一个减键）可以修改当前日期时间，实现可校准时间的电子万年历功能。试完成程序功能的添加，并在开发板上编程调试。

项目十　PWM 模块控制电动机调速

10.1　项目说明

　　本项目利用 IAP15W4K58S4 单片机的 PWM 输出模块，通过调节 PWM 信号的占空比实现控制 5V 直流小电动机的电枢两端的平均电压，从而达到调节 5V 直流小电动机的速度。另外为了调速的完整性，设计了直流电动机的测速电路，利用红外槽形开关来检测电动机的实时转数，并经过转换电路将光电开关检测到的电动机转数信号以脉冲形式直接输入单片机的计数器 P3.4 口进行计数，经过简单的数据处理，在 LCD1602 液晶上显示电动机的实时转速。此项目包含两个子任务，任务一：按键控制直流电动机加减速；任务二：直流电动机测速的实现。这些任务都是应用 IAP15W4K58S4 单片机最小系统板扩展外围电路实现的综合应用。

　　该项目的学习目标和技能要求如下：

学习目标：

➢ 熟悉 IAP15W4K58S4 单片机 PCA 模块的工作方式。

➢ 掌握 IAP15W4K58S4 单片机 PCA 模块的 PWM 功能的使用。

➢ 应用 PWM 功能实现电动机的调速。

➢ 掌握直流小电动机调速的驱动电路。

➢ 掌握电动机测速电路的原理。

➢ 运用测频法，利用定时器和计数器实现电动机转速的测量。

➢ 学习模块化编程的思想，能编写、调试模块化风格的程序。

技能要求：

➢ 完成模块电路的搭建和调试，会使用仪器检测电路的性能。

➢ 会使用相应软件对程序进行仿真和调试。

➢ 会使用 Keil C51 μVision2 集成开发环境，掌握模块化编程。

➢ 能够对工作任务进行分析，找出相应的算法，绘制流程图。

➢ 能够根据流程图编写程序。

10.2　知识准备

10.2.1　PWM 的基本含义及应用范围

　　脉宽调制（Pulse Width Modulation，PWM）是一种使用程序来控制波形占空比、周期、相位的技术，在三相电动机驱动、D-A 转换等场合有广泛的应用。IAP15W4K58S4 系列单片机的 PCA 模块可以通过程序设定，使其工作于 8 位 PWM 模式。

脉宽调制信号是一个在高电平和低电平之间重复交替的输出信号。通过指定所需的时钟周期和占空比来控制高电平和低电平的持续时间。占空比为信号处于高电平的时间（或时钟周期数）占整个信号周期的百分比，方波的占空比是 50％。脉冲宽度是指脉冲处于高电平的时间。各种不同占空比的 PWM 信号如图 10-1 所示。

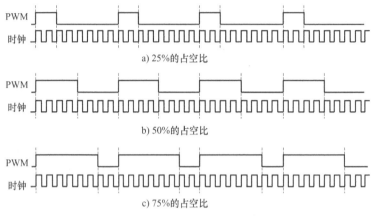

图 10-1　占空比不同的 PWM 信号

PWM 的一个优点是从处理器到被控系统信号都是数字形式的，无须进行 D-A 转换，让信号保持为数字形式可将噪声影响降到最小。噪声只有在强到足以将逻辑 1 改变为逻辑 0 或将逻辑 0 改变为逻辑 1 时，才能对数字信号产生影响。

对噪声抵抗能力的增强是 PWM 相对于模拟控制的另外一个优点，而且这也是在某些时候将 PWM 用于通信的主要原因。从模拟信号转向 PWM 可以极大地延长通信距离。在接收端，通过适当的 RC 或 LC 网络可以滤除调制高频方波并将信号还原为模拟形式。

PWM 的常见应用是为其他设备产生类似于时钟的信号。PWM 的另一个常见用途是控制输入到某个设备的平均电流或电压。

10.2.2　PWM 的输出功能及相关寄存器

IAP15W4K58S4 系列单片机集成了可编程计数器阵列（PCA）模块，可用于软件定时器、外部脉冲的捕捉、高速输出以及脉宽调制（PWM 输出）。PCA 模块含有一个特殊的 16 位定时器，有 3 个 16 位的捕获/比较模块与之相连，每个捕获/比较模块可工作在 4 种模式下：上升/下降沿捕获、软件定时器、高速输出或可调制脉冲输出，下面主要介绍 PWM 输出的应用。PCA 模块结构如图 10-2 所示。

模块 0 连接到 P1.1（可以切换到 P3.5 或 P2.5），模块 1 连接到 P1.0（可以切换到 P3.6 或 P2.6），模块 3 连接到 P3.7（可以切换到 P2.7）。

16 位 PCA 定时器/计数器是 3 个模块的公共时间基准，和 PCA 定时器/计数器操作相关的寄存器有 CH、CL、CMOD、CCON，另外还有 PCA 模块工作模式设定寄存器 CCAPMn（n＝0，1）可以完成 PWM 输出模式的设定。PCA 定时器/计数器结构如图 10-3 所示。

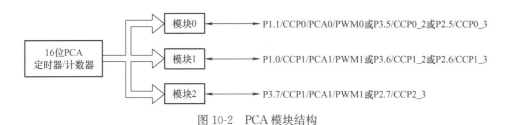

图 10-2　PCA 模块结构

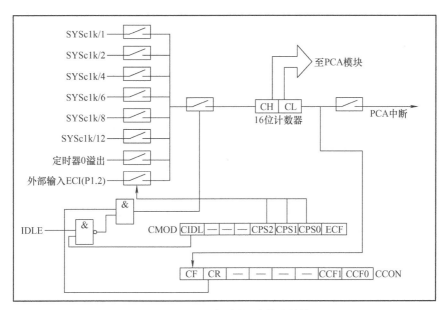

图 10-3　PCA 定时器/计数器结构

一、PWM 模块相关寄存器

（1）计数寄存器 CH 和 CL

寄存器 CH 和 CL 的内容是正在自由递增计数的 16 位 PCA 定时器的值。PCA 定时器是 2 个模块的公共时间基准，可通过编程工作在：1/12 系统时钟、1/8 系统时钟、1/6 系统时钟、1/4 系统时钟、1/2 系统时钟、系统时钟、定时器 0 溢出或 ECI 脚的输入（IAP15W4K58S4 系列在 P1.2 口）。定时器的计数源由 CMOD 特殊功能寄存器中的 CPS2、CPS1 和 CPS0 位来确定（见 CMOD 特殊功能寄存器说明）。

（2）设定寄存器 CMOD（PCA 工作模式寄存器）

CMOD：PCA 工作模式寄存器

SFR name	Address	bit	B7	B6	B5	B4	B3	B2	B1	B0
CCON	D9H	name	CIDL	—	—	—	CPS2	CPS1	CPS0	ECF

1）CIDL：空闲模式下是否停止 PCA 计数的控制位。

当 CIDL＝0 时，空闲模式下 PCA 计数器继续工作；

当 CIDL＝1 时，空闲模式下 PCA 计数器停止工作。

2）ECF：PCA 溢出中断使能位。

当 ECF＝0 时，禁止寄存器 CCON 中 CF 位的中断；

当 ECF＝1 时，允许寄存器 CCON 中 CF 位的中断。

3）CPS2、CPS1、CPS0：PCA 计数脉冲源选择控制位。PCA 计数脉冲选择控制如表 10-1 所示。

表 10-1　PCA 计数脉冲选择控制

CPS2	CPS1	CPS0	选择 PCA/PWM 时钟源输入
0	0	0	0，系统时钟，SYSclk/12
0	0	1	1，系统时钟，SYSclk/2
0	1	0	2，定时器 0 的溢出脉冲。由于定时器 0 可以工作在 1T 模式，所以可以达到计一个时钟就溢出，从而达到最高频率 CPU 工作时钟 SYSclk。通过改变定时器 0 的溢出率，可以实现可调频率的 PWM 输出
0	1	1	3，ECI/P1.2（或 P4.1）脚输入的外部时钟（最大速率＝SYSclk/2）
1	0	0	4，系统时钟，SYSclk
1	0	1	5，系统时钟/4，SYSclk/4
1	1	0	6，系统时钟/6，SYSclk/6
1	1	1	7，系统时钟/8，SYSclk/8

例：选择 CPS2 CPS1 CPS0 为 100，系统时钟不分频。PWM 输出频率就为 12MHz/256＝46.875kHz。

（3）控制寄存器 CCON

CCON：PCA 控制寄存器

SFR name	Address	bit	B7	B6	B5	B4	B3	B2	B1	B0
CCON	D8H	name	CF	CR	—	—	—	—	CCF1	CCF0

1）CF：PCA 计数器阵列溢出标志位。当 PCA 计数器溢出时，CF 由硬件置位。如果 CMOD 寄存器的 ECF 位置位，则 CF 标志可用来产生中断。CF 位可通过硬件或软件置位，但只可通过软件清零。

2）CR：PCA 计数器阵列运行控制位。该位通过软件置位，用来启动 PCA 计数器阵列计数。该位通过软件清零，用来关闭 PCA 计数器。

3）CCF1：PCA 模块 1 中断标志。当出现匹配或捕获时该位由硬件置位，该位必须通过软件清零。

4）CCF0：PCA 模块 0 中断标志。当出现匹配或捕获时该位由硬件置位，该位必须通过软件清零。

（4）PCA 模块工作模式设定寄存器 CCAPMn（n＝0，1）

PCA 的每个模块都对应一个特殊功能寄存器。它们分别是：模块 0 对应 CCAPM0，模块 1 对应 CCAPM1，特殊功能寄存器包含了相应模块的工作模式控制位。通过 CCAPMn 的配置可以设定 PCA 模块的工作模式，使其工作于 8 位 PWM 模式。

CCAPM0：PCA 模块 0 的比较/捕获寄存器

SFR name	Address	bit	B7	B6	B5	B4	B3	B2	B1	B0
CCAPM0	DAH	name	—	ECOM0	CAPP0	CAPN0	MAT0	TOG0	PWM0	ECCF0

1）B7：保留为将来之用。

2）ECOM0：允许比较器功能控制位。当 ECOM0＝1 时，表示允许比较器功能。

3）CAPP0：正捕获控制位。当 CAPP0＝1 时，允许上升沿捕获。

4）CAPN0：负捕获控制位。当 CAPN0＝1 时，允许下降沿捕获。

5）MAT0：匹配控制位。当 MAT0＝1 时，PCA 计数值与模块的比较/捕获寄存器的值的匹配将置位 CCON 寄存器的中断标志位 CCF0。

6）TOG0：翻转控制位。TOG0＝1 时，工作在 PCA 高速输出模式，PCA 计数器的值与模块的比较器的比较/捕获寄存器的值的匹配将使 CEX0 脚翻转（CEX0/PCA0/PWM0/P1.3 或 CEX0/PCA0/PWM0/P4.2）。

7）PWM0：脉宽调节模式。PWM0＝1 时，允许 CEX0 脚用作脉宽调节输出（CEX0/PCA0/PWM0/P1.3 或 CEX0/PCA0/PWM0/P4.2）。

8）ECCF0：使能 CCF0 中断。使能寄存器 CCON 的比较 CCF0，用来产生中断。

PCA 模块的工作模式设定表如表 10-2 所示。

表 10-2　PCA 模块的工作模式设定表

—	ECOMn	CAPPn	CAPNn	MATn	TOGn	PWMn	ECCFn	模块功能
	0	0	0	0	0	0	0	无此操作
	1	0	0	0	0	0	0	8 位 PWM，无中断
	1	1	0	0	0	1	1	8 位 PWM 输出，由低变高可产生中断
	1	0	1	0	0	1	1	8 位 PWM 输出，由高变低可产生中断
	1	1	1	0	0	1	1	8 位 PWM 输出，由低变高或者由高变低均可产生中断
	×	1	0	0	0	0	×	16 位捕获模式，由 CEXn/PCAn 的上升沿触发
	×	0	1	0	0	0	×	16 位捕获模式，由 CEXn/PCAn 的下降沿触发
	×	1	1	0	0	0	×	16 位捕获模式，由 CEXn/PCAn 的跳变触发
	1	0	0	1	0	0	×	16 位软件定时器
	1	0	0	1	1	0	×	16 位高速输出

PCA 模块在 PWM 输出模式下对应的结构如图 10-4 所示。

当模块发生匹配或比较时，ECCFn 位（CCAPMn.0，由工作的模块决定 n＝0 还是 n＝1）使能 CCON。

PWM（CCAPMn.1）用来使能脉宽调制模式。

当 PCA 计数值与模块的捕获/比较寄存器的值相匹配时，如果 TOG 位（CCAPMn.2）置位，模块的 CEXn 输出将发生翻转。

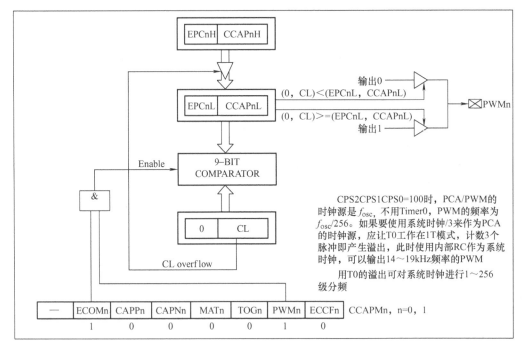

PCA PWM mode/可调制脉冲宽度输出模式

图 10-4　PCA 模块在 PWM 输出模式对应的结构

　　当 PCA 计数值与模块的捕获/比较寄存器的值相匹配时，如果匹配位 MATn（CCAPMn.3）置位，CCON 寄存器的 CCFn 位将被置位。

　　CAPNn（CCAPMn.4）和 CAPPn（CCAPMn.5）用来设置捕获输入的有效沿。CAP-Nn 位使能下降沿有效，CAPPn 位使能上升沿有效。如果两位都置位，则两种跳变沿都被使能，捕获可在两种跳变沿产生。

　　通过置位 CCAPMn 寄存器的 ECOMn 位（CCAPMn.6）来使能比较器功能。

　　（5）寄存器 CCAPnH 和 CCAPnL

　　每个 PCA 模块还对应另外两个寄存器：CCAPnH 和 CCAPnL。当出现捕获或比较时，它们用来保存 16 位的计数值。当 PCA 模块用在 PWM 模式中时，它们用来控制输出的占空比。

　　二、PWM 输出时 I/O 的状态

　　当某 I/O 口作为 PWM 使用时，该口的状态如表 10-3 所示。

表 10-3　PWM 输出时 I/O 的状态

PWM 之前口的状态	PWM 输出时口的状态
弱上拉/准双向	强推挽输出/强上拉输出，要加输出限流电阻 1～10kΩ
强推挽输出/强上拉输出	强推挽输出/强上拉输出，要加输出限流电阻 1～10kΩ
仅为输入/高阻	PWM 无效
开漏	开漏

PWM 输出时 I/O 口为强推挽输出/强上拉输出，要加输出限流电阻 1~10kΩ，电路如图 10-5 所示。

图 10-5　PWM 输出时 I/O 接限流电阻

三、初始化 PWM 流程

初始化 PWM 流程图如图 10-6 所示。

10.2.3　直流电动机驱动电路的基本原理

直流电动机驱动主要有两种：不可逆驱动器和 H 形可逆驱动器。可逆是指电动机可以正、反两个方向旋转；不可逆是指电动机只能单向旋转。实际应用中主要以 H 形可逆驱动器为主，这种驱动电路可以很方便地实现直流电动机的四象限运行，分别对应正转、正转制动、反转、反转制动。

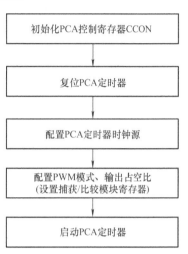

图 10-6　初始化 PWM 流程图

1. 简单不可逆驱动器

简单不可逆驱动器的电路原理图如图 10-7 所示。

通过对简单不可逆驱动器的电流、电压波形分析，可知简单不可逆驱动器电路有如下特点：

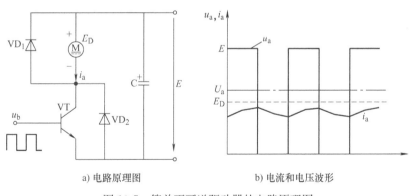

a) 电路原理图　　　　　　b) 电流和电压波形

图 10-7　简单不可逆驱动器的电路原理图

1）轻载时电枢电流可能出现断续现象。

2）电路结构简单，电动机的电枢电流不能反向流动，即无制动工作状态。

3）适用于快速性要求不高的场合。

2. H 形可逆驱动器

H 形可逆驱动器的电路原理图如图 10-8 所示。它由 4 个晶体管和 4 个续流二极管组成桥式电路。H 形变换器在控制上分双极性和单极性两种方式。4 个晶体管的基极驱动电压分为两组：VT_1 和 VT_4 同时导通和关断，其驱动电压 $U_{b1} = U_{b4}$；VT_2 和 VT_3 同时动作，其驱

动电压 $U_{b2}=U_{b3}=-U_{b1}$。一组导通则另一组必须关断，当 VT$_1$ 和 VT$_4$ 导通时，VT$_2$ 和 VT$_3$ 关断，电动机两端加正向电压，可以实现电动机的正转或反转制动；当 VT$_2$ 和 VT$_3$ 导通时，VT$_1$ 和 VT$_4$ 关断，电动机两端为反向电压，电动机反转或正转制动。

在实际运行中，有时需要不断地使电动机在 4 个象限之间切换，即在正转和反转之间切换，也就是在 VT$_1$ 和 VT$_4$ 导通且 VT$_2$ 和 VT$_3$ 关断，到 VT$_2$ 和 VT$_3$ 导通且 VT$_1$ 和 VT$_4$ 关断这两种状态之间转换。在这种情况下，理论上要求两组控制信号完全互补，但是，由于实际的开关器件都存在开通和关断时间，绝对的互补控制逻辑必然导致上、下桥臂直通短路，比如在上桥臂关断的过程中，下桥臂导通了。这个过程可以用图 10-9 说明。

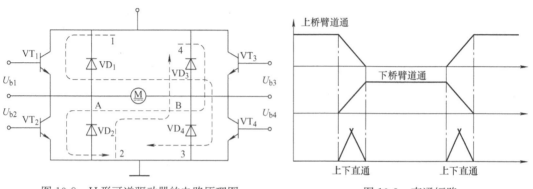

图 10-8　H 形可逆驱动器的电路原理图　　　　图 10-9　直通短路

为了避免直通短路且保证每个开关管动作之间的协同性和同步性，两组控制信号在理论上要求互为倒相的逻辑关系，而实际上却必须相差一个足够的死区时间，这个矫正过程可以通过硬件实现，即在上、下桥臂的两组控制信号之间增加延时，也可以通过软件实现。

直流电动机的转向控制，主要通过改变电源的极性来实现；直流电动机的调速方法有改变电枢电压和减弱两极磁通两种。为了获得可调的直流电压，利用电力电子元件的可控性，采用脉宽调制（PWM）技术，将恒定的直流电压转变为脉动电压（幅值恒定、周期恒定而脉宽可变的脉冲序列），实现直流电动机电枢电压平滑调节，构成直流脉宽调速系统。

10.3　项目实施

10.3.1　任务一：按键控制直流电动机加减速

一、任务目标

采用最小系统板外扩直流电动机驱动电路，通过按键实现电动机的加减速。实际上即通过按键控制 PWM 的占空比实现电动机的速度调节。

二、硬件原理电路

PWM 输出端口 P1.1 作为控制信号，驱动 5V 直流小电动机，电路接线图如图 10-10 所示，其中按键电路采用最小系统独立式按键，在图 10-10 中未画出。通过按键调整 PWM 占空比，可以实现控制输入到直流小电动机电枢两端的平均电压，从而达到电动机调速的目的。

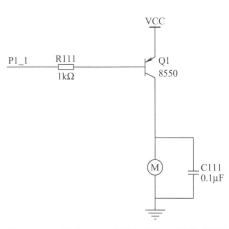

图 10-10　任务一电动机加减速电路接线图

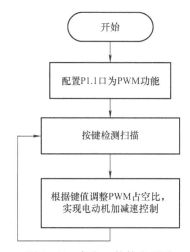

图 10-11　任务一软件流程图

三、软件流程

任务一软件流程图如图 10-11 所示。

四、参考代码

任务一源程序代码如下：

```c
#include <reg51.h>
sbit K1=P0^0;
sbit K2=P0^1;
sbit K3=P0^2;
sbit K4=P0^3;
void pwm_init()
{
  CCON=0;
  CL=0;
  CH=0;
  CMOD=0x02;
  CCAP1H=CCAP1L=180;     //255 全速
  CCAPM1=0x42;
  CR=1;
}
void pwm_duty(unsigned char a)     //255 全速,180 低速
{
  CCAP1H=CCAP1L=a;
}
void delay(unsigned int k)
```

```
{unsigned int i,j;
for(j=0;j<k;j++)
    for(i=0;i<1000;i++);
}
main()
{    pwm_init();
while(1)
{
if (K1==0)
{delay(10);
if(K1==0)
{pwm_duty(255);            //  5000 多转
}}
if (K2==0)
{delay(10);
if(K2==0)
{pwm_duty(200);            //4000 多转
}}
if (K3==0)
{delay(10);
if(K3==0)
{pwm_duty(160);
}}
if (K4==0)
{delay(10);
if(K4==0)
{pwm_duty(120);
}}
 }
```

10.3.2 任务二：直流电动机测速的实现

一、任务目标

采用最小系统板外扩直流电动机驱动电路，通过按键实现电动机的加减速。实际上即通过按键控制 PWM 的占空比实现电动机的速度调节。通过红外槽形开关来检测电动机的实时转数，并经过转换电路将光电开关检测到的电动机转数信号以脉冲形式直接输入单片机的计数器 P3.4 口进行计数，经过简单的数据处理，在 LCD1602 液晶上显示电动机的实时转速。

二、硬件原理电路

任务二测速电路接线图如图 10-12 所示，其中电动机驱动电路如任务一所示，图 10-12 中未画出；按键、液晶显示电路采用最小系统板上的独立式按键和液晶显示电路，图 10-12 中未画出。

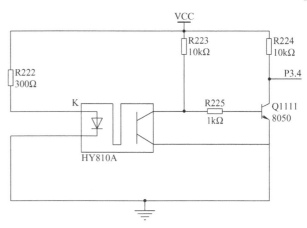

图 10-12　任务二电动机测速电路接线图

三、软件流程

任务二软件流程图如图 10-13 所示。

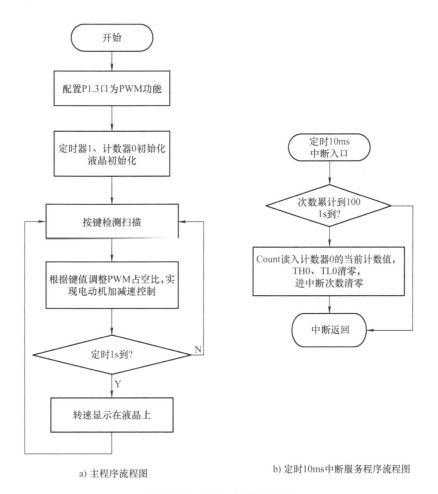

a) 主程序流程图　　　　　b) 定时10ms中断服务程序流程图

图 10-13　任务二软件流程图

四、参考代码

任务二源程序代码如下：

```
#include "pwm. h"
#include "1602. h"
#include <reg51. h>
sbit K1=P0^0;
sbit K2=P0^1;
sbit K3=P0^2;
sbit K4=P0^3;
unsigned int count,zhuansu;
unsigned char zhuan[5];
unsigned char t1_num;
bit flag=0;
main()
{
TMOD=0x15;
TH1=(65536-10000)/256;
TL1=(65536-10000)%256;
TH0=TL0=0;
ET1=1;
EA=1;
TR1=1;
TR0=1;
pwm_init();
lcd_init();
soft_10ms();
lcd_cls();
soft_10ms();
lcd_wrcmd(0x80);
lcd_string("zhuan su");
zhuan[4]=0;
while(1)
{
if (K1==0)
{delay(10);
if(K1==0)
{pwm_duty(255);      //全速
}}
if (K2==0)
{delay(10);
if(K2==0)
```

```
{pwm_duty(200);        //中速
}}
if (K3==0)
{delay(10);
if(K3==0)
{pwm_duty(160);        //低速
}}
if (K4==0)
{delay(10);
if(K4==0)
{pwm_duty(120);        //更低速
}}
    if(flag)
    {
        zhuansu=15*count;
        zhuan[0]=zhuansu/1000+0x30;
        zhuan[1]=(zhuansu%1000)/100+0x30;
        zhuan[2]=zhuansu%100/10+0x30;
        zhuan[3]=zhuansu%10+0x30;
        lcd_wrcmd(0xc0);
        lcd_string(zhuan);
        flag=0;
    }
    }
}
void time1()   interrupt    3     using 2
{
 TH1=(65536-9216)/256;
 TL1=(65536-9216)%256;
 t1_num++;
 if( t1_num==100)
    {   flag=1;
    t1_num=0;
 TR0=0;
 count=TH0*256+TL0;
 TH0=0;
 TL0=0;
 TR0=1;
}
}
```

习　　题

一、填空题

1. 脉宽调制（Pulse Width Modulation，PWM）是一种使用程序来控制波形_____、_____、相位的技术，在三相电动机驱动、D-A 转换等场合有广泛的应用。

2. PWM 的一个优点是从处理器到被控系统信号都是_____形式的，无须进行_____转换，让信号保持为_____形式可将噪声影响降到最小。

3. IAP15W4K58S4 系列单片机 PCA 模块含有一个特殊的_____，有 2 个 16 位的捕获/比较模块与之相连。

4. IAP15W4K58S4 系列单片机集成了可编程计数器阵列（PCA）模块，可用于软件定时器、外部脉冲的捕捉、高速输出以及_____。

二、简答题

1. IAP15W4K58S4 单片机的 PCA 模块包含哪些部件？PCA 模块的工作方式有哪些？

2. 初始化 PWM 输出涉及的特殊寄存器有哪些？写出 P1.1 输出 PWM 波形的初始化流程。

3. 直流电动机 PWM 驱动电路形式有哪些？描述 H 形可逆驱动电路的原理。

4. 如何采用单片机结合外接电路实现直流电动机转速测量？画出测速电路并描述测速原理。

5. 如何采用单片机结合外接电路实现直流电动机的正、反转控制？画出正、反转控制电路并写出控制代码。

三、编程题

1. 改变电动机驱动电路形式为 H 形可逆驱动电路，实现电动机的正、反转及加、减速控制，完成程序的编写、调试。

2. 改变电动机驱动电路形式为 H 形可逆驱动电路，实现电动机的正、反转及调速测速，完成程序的编写、调试。

参 考 文 献

［1］ 马忠梅 . 单片机的 C 语言应用程序设计 ［M］. 北京：北京航空航天大学出版社，2003.

［2］ 谢维成，杨加国 . 单片机原理与应用及 C51 程序设计 ［M］.2 版 . 北京：清华大学出版社，2009.